习近平生态文明思想实践路径研究

京津冀生态文明建设中企业区域合作研究

张 波◎著

九州出版社 全国百佳图书出版单位
JIUZHOUPRESS

图书在版编目（CIP）数据

京津冀生态文明建设中企业区域合作研究 / 张波著
. -- 北京 ：九州出版社，2020.9
ISBN 978-7-5108-9445-9

Ⅰ．①京… Ⅱ．①张… Ⅲ．①企业－生态环境建设－
研究－华北地区 Ⅳ．①X321.22

中国版本图书馆CIP数据核字（2020）第158398号

京津冀生态文明建设中企业区域合作研究

作　者	张　波　著
出版发行	九州出版社
地　址	北京市西城区阜外大街甲 35 号（100037）
发行电话	(010)68992190/3/5/6
网　址	www.jiuzhoupress.com
电子信箱	jiuzhou@jiuzhoupress.com
印　刷	北京九州迅驰传媒文化有限公司
开　本	720 毫米 ×1020 毫米　16 开
印　张	13
字　数	220 千字
版　次	2020 年 9 月第 1 版
印　次	2020 年 9 月第 1 次印刷
书　号	ISBN 978-7-5108-9445-9
定　价	42.00 元

基金项目：北京市教育委员会社科计划重点项目

"京津冀生态文明建设中企业区域合作的博弈分析"（SZ20161141728）

目　录

绪论

京津冀区域是我国重要的政治中心和经济中心，其生态环境问题是协同发展中的重要问题，京津冀区域环境治理是国家"十三五"的重点任务之一，被提升到国家战略的高度。国务院先后出台相关政策，2015年京津冀三地环保厅局正式签署了《京津冀区域环境保护率先突破合作框架协议》。党的十八大把生态文明建设放在与经济建设、政治建设、文化建设、社会建设同等重要的顶层位置，是站在人类发展命运的立场上做出的战略判断和总体部署，体现了炽热的民生情怀，是我们建设美丽中国、实现中国梦的重要思想武器。尽管京津冀环境污染联防联控的协作机制已经初步建立，政策规划正在逐步推进和实施之中，但是由于环境污染的区域协同治理的复杂性和长期性，相关机制仍不完善，京津冀区域环境治理效果并未明显改善。如何创新机制，提高区域环境治理效率，是摆在决策者和研究者面前的重大问题。

一、习近平生态文明思想是我国生态文明建设的基本遵循

（一）习近平生态文明思想的价值

习近平生态文明思想是习近平新时代中国特色社会主义思想的重要组成部分。党的十八大把生态文明建设放在与经济建设、政治建设、文化建设、社会建设同等重要的顶层位置，是站在人类发展命运的立场上做出的战略判断和总体部署，体现了炽热的民生情怀，是我们建设美丽中国、实现中国梦的重要思想武器，习近平生态文明思想是我国生态文明建设的基本遵循。

1. 理论价值

立足基本国情，结合生态建设的实践情况，全新深刻阐释习近平生态文明思想，通过对习近平生态文明思想形成、发展的系统梳理和分析，把握其中的

历史逻辑与理论逻辑的联系，发展和完善立足中国、面向世界的生态文明建设理论体系和话语体系，适应生态文明转型时代新常态、新实践、新要求。

2.应用价值

加强生态环境保护，打好防污攻坚战，构筑绿色的生态产业链，建设新型的生态文明示范区。通过对绿色发展观、绿色政绩观、绿色生产方式、绿色生活方式等实践研究，为各级政府提供有效的路径指导。以生态文明建设实践探索人类问题的中国智慧和中国方案，引导应对气候变化国际合作，成为全球生态文明建设的重要参与者、贡献者、引领者。

（二）目前国内外研究的现状和趋势

目前，对习近平生态文明思想的研究主要集中在理论来源、提出背景、主要内容、理论价值和实践价值等方面。

1.国内相关研究综述

习近平生态文明思想的理论来源，马克思主义思想是习近平生态文明思想的直接理论来源，马克思和恩格斯的辩证唯物主义自然观是习近平生态文明思想的理论起点（刘鹏，2015）。首先习近平生态文明思想是对马克思、恩格斯生态思想的继承，是对可持续发展理论和科学发展观的突破与创新（周光迅、周明，2015）。其次，习近平生态文明思想来源于中国古代系统完整的生态文明理念（周宏春，2017），吸收了中国传统文化中的生态思想（田学斌，2016），是对中华传统生态智慧，如道法自然、天人合一、与天地参、众生平等的儒释道精神（黄承梁，2018）的继承和发扬。再次，习近平生态文明思想与毛泽东生态建设思想、邓小平理论、"三个代表"重要思想、科学发展观中关于人与自然和谐的思想是一脉相承的。习近平生态文明思想是在深刻总结人类文明发展规律基础上对马克思主义生态文明理论的继承和创新（张波，2019）。

习近平生态文明思想的提出背景，潘家华通过分析国内外学者从自然的、环境的、哲学的以及意识形态等不同侧面对工业文明的研究，提出工业文明导向下的经济发展引发的资源枯竭和环境污染，推动了一种新的发展范式：即生态文明（Pan Jiahua,2015）。2017年7月，国家权威媒体《人民日报》、中央电视台等在政论专题片《将改革进行到底》解说词中开始使用"习近平生态文明思想"这一表述（杜昌建，2018）。

习近平生态文明思想的主要内容，习近平生态文明思想的主要内容包含五重视域:"生态兴则文明兴,生态衰则文明衰"的文明视域;"保护生态环境就是保护生产力"的生产力视域;"生态环境就是民生福祉"的民生视域;"整体谋划国家生态安全"的安全视域;"实行最严格的制度和最严密的法治"的制度视域(陈俊,张忠潮,2016)。汪霖(2017)将习近平生态文明思想主要概括为生态环境生产力论、"绿水青山就是金山银山"论、生态民生论、生态文明制度建设论、文化引领论、生态建设系统推进论、生态与文明兴衰论和人类命运共同体论等八个主要部分。习近平生态文明思想深刻,内容丰富,论述精辟,既是推进我国生态文明建设的思想武器,更为"建设美丽中国,实现中华民族永续发展"提供了行动指南(胡倩,2017)。从战略内涵上,目标导向上,制度优势上,动力机制上进行分析,认为生态文明建设已成为中国特色社会主义思想的重要组成部分(庄贵阳,2018)。周宏春,江晓军(2019)指出,绿水青山就是金山银山是习近平生态文明思想的基本内核;坚持人与自然和谐共生,是习近平生态文明思想的精华所在。

习近平生态文明思想的理论价值和实践价值,习近平同志深刻把握社会主义生态文明新时代人民群众新期待、生态文明建设新实践,以生态文明建设人类命运共同体的中国方案、中国话语体系,全面、系统、深刻回答了当代中国和世界生态文明建设发展面临的一系列重大理论和现实问题(黄承梁,2017)。众多国内专家通过研究习近平生态文明思想,提出构建中国特色生态文明之路,如绿色发展(胡鞍钢,2015)、绿色循环低碳发展(谢振华,2013;庄贵阳,2016)、系统工程的方式推进生态治理(张云飞,李娜,2016)、坚持生态优先,实现绿色发展;统筹山水林田湖草系统治理,以生态系统观推进生态文明建设(潘家华,2018)等等。学者们在建设生态文明依靠的制度体系上,也有共识,正如习近平同志指出的"只有实行最严格的制度、最严密的法治,才能为生态文明建设提供可靠保障"。

2. 国外相关研究综述

国外暂时没有形成从事研究习近平生态文明思想的主要学者或机构,对习近平生态文明思想的直接评价也较少,但国外学者对中国的生态文明建设状况和习近平总书记提出的实现"中国梦"的相关政策有一些研究和评价。Maurizio Marinelli(2018)在文献中客观评价了习近平总书记关于生态文明、美丽中国、中国梦的论述,引用了习总书记的话:"走向生态文明新时代,建设美丽中国,是实现中华民族伟大复兴的中国梦的重要内容。"肯定了中国领导层优先考虑人与自然和谐的需要，并在当前的新时代实施相关政策建设生态文明。Hansen,MH（2018）和 Pow, C. P（2018）等学者通过案例介绍了在中国的农村和城市，政府和民众依据国家政策通过协商来提高人民的环保和建设生态环境的意识，客观评价了生态文明建设过程的艰辛、遇到的困难并提出了一些对策。InSuk Jung（2017）主要从中国梦、法制、反腐败论述了以习近平为领导的政府对中国社会的影响。

2017 年 12 月，人民论坛编辑部曾采访一些专家学者谈习近平生态文明思想 (人民论坛网 ,2017)，如联合国环境规划署国际环境技术中心项目官员马赫什·普拉丹指出：中国的生态文明建设来源于中国传统文化中天人合一、人与自然和谐相处等理念。英国诺丁汉大学当代中国学学院院长，著名华裔经济学家姚树洁评价习近平倡导的生态建设是中国经济社会可持续发展的重要保障。新加坡南洋理工大学教授胡逸山认为中国已成为世界第二大经济体，中国社会兴起人与自然相处的思考也是顺理成章，十八大以来中国官方多次重申生态文明建设为治国的主轴之一，这一点不但让中国人民，也让海外各界，深感欣慰。

3. 研究评述

采用文献研究法发现，关于习近平生态文明思想研究的期刊论文、学位论文、论著、新闻报道等中文文献数量都呈现逐年上升的趋势，生态文明思想已经成为研究热点，并将在一定的时间内持续增多。外文文献较少，以"Ecological Civilization"为主题词基于 Web of science 数据库和学术搜索检索到外国作者以韩国和新加坡作者研究中国的生态文明思想和生态文明建设的较多，总体来看文献量也隐约呈现上升趋势。研究者涉及众多学科，研究层次从大众科普、行业指导、基础研究到中等职业教育、高等教育，再到政策研究，几乎每个层次都有。

综合来看，国内外学者们对习近平生态文明思想的研究是从多角度多层面出发，从各个不同的侧重点来进行研究的，当前的研究成果总体上内容是丰富的。但是，往往偏重于某个角度或者某个方面，存在不够全面、不够系统的情况，尤其是在生态文明地方实践的指导上缺少必要的研究。

（三）研究目标

（1）从实践角度阐释习近平生态文明思想的理论体系。以习近平生态文明重要论述为根本遵循和精神支撑；深入分析其时代背景、思想内涵和精神实质；

提炼其时代价值和世界意义，完善和丰富立足中国、面向世界的生态文明建设理论体系。

（2）从地方实践探索习近平生态文明思想的实践道路。以习近平生态文明思想为行动指南，探索从机制创新到制度建设，从政府主导到公众参与，从农村到城市，从生产到生活，从市场驱动到企业自愿、从媒体宣传到全民教育的全社会生态文明建设的实践道路。

（四）研究内容

以习近平生态文明重要论述为根本遵循和精神支撑，分析习近平生态文明思想的理论体系，从实践角度进行阐释，并从中国特色社会主义"五位一体"总体布局为出发点，建立起习近平生态文明思想的实践体系，具体包括如下方面：

（1）坚持生态优先，建立健全以产业生态化和生态产业化为主体的生态经济体系。习近平强调，在我国经济已由高速增长阶段转向高质量发展阶段，打破资源与环境的瓶颈约束，实现产业发展与生态资源融合，是构建现代经济体系、建设美丽中国的必然要求。通过不断深化供给侧结构性改革，坚持传统制造业改造提升与新兴产业培育并重、扩大总量与提质增效并重、扶大扶优扶强与选商引资引智并重，抓好生态工业、生态农业、抓好全域旅游，促进一二三产业融合发展，让生态优势变成经济优势，形成一种浑然一体、和谐统一的关系。把生态环境作为经济社会发展的内在要素和内生动力；把整个生产过程的绿色化、生态化作为实现和确保生产活动结果绿色化和生态化的途径、约束和保障。

（2）坚持绿色发展，建立产业协同的绿色创新机制。习近平指出，生态环境保护的成败，归根结底取决于经济结构和经济发展方式；推动形成绿色发展方式，科技创新是核心，抓住了科技创新就抓住了牵动我国发展全局的牛鼻子。环境治理表面上是环境问题，是环境保护与发展之间的关系问题，本质上是发展问题。兼顾生态环境和经济发展，优化产业结构和布局，协调区域内产业的绿色协同发展，以"产业链—创新链—资金链"为对接体系，推动区域产业绿色协同创新；实施绿色技术创新，推进全产业链的升级改造，建立绿色产业链的循环经济新模式；加强区域内产学研合作，建立依据产业分类的绿色创新共享平台。

（3）坚持整体协调，建立决策和协调的高效管理机制。习近平强调生态文明建设要"整体协调"，按照系统工程的思路，全方位、全地域、全过程开展生态环境保护建设。各地区各部门要增强"四个意识"，坚决维护党中央权威和集中统一领导，坚决担负起生态文明建设的政治责任。地方各级党委和政府主要领导是本行政区域生态环境保护第一责任人，各相关部门要履行好生态环境保护职责，使各部门守土有责、守土尽责、分工协作、共同发力。环境污染是一种典型的跨界公共危机，其难点在于环境污染的跨界性、流动性、不确定性与行政管理对于明确职责和边界属性的矛盾。为了提高的环境治理效率，有必要建立区域内的协调会商机制，并常设领导机构，理顺各地环保部门的关系。以会商机制为基础，着力解决区域范围内的机动车协作治理、空气重污染应急体系、环评会商制度等备受关注的重点问题。

（4）强化生态意识，建立多元主体参与的监督激励机制。习近平指出，强化公民环境意识，把建设美丽中国化为人民自觉行动；构建政府为主导、企业为主体、社会组织和公众共同参与的环境治理体系。政府应引导鼓励环境治理的多元主体参与，提高治理效率和效果；政府做好规划引领、强化红线管控，进一步强化环保督察制度，建立有效的生态文明建设激励机制、生态补偿机制等。通过区域内企业协同的成本分担机制，释放生态红利，推动企业生态文明建设的企业自主环保机制，增加生态产品和服务的生产和供给。将生态文明纳入社会主义核心价值体系，倡导绿色的生活方式和消费模式，提高全社会生态文明意识，建立和完善推动生态文明建设的公众参与机制，不仅仅指个人，还包括各类组织机构，建立有效机制以增加公众对自身利益的决策权，使公众能够根据自身状况和能力，与其他利益相关者一起制定有效的发展计划，并采取行动来实现合作共赢。

（5）完善生态法制，建立生态文明的法律和制度体系。习近平强调要用"最严格制度、最严密法治"为生态文明建设保驾护航，让制度成为刚性的约束和不可触碰的高压线。完善环境治理的相关法律法规，并发挥战略引领和刚性控制作用，确立其法律地位十分重要；进一步创建统一的监督执法机构，各行政部门应让渡跨区域部分的环境监管职责，建立"区域管理联合执法机构"；进一步统一内的环保标准，研究制定统一的区域污染排放标准，严格赔偿制度，分阶段逐步统一区域环境准入门槛，建立健全区域生态文明绩效评价考核和责任追究制度。

（六）拟突破的重点和难点

1. 拟突破的重点

绿水青山就是金山银山，是习近平生态文明思想的基本内核，其实质就是要构建产业与生态融合的生态经济体系，是本研究拟突破的重点。

产业生态化和生态产业化的融合的基本思路是：把推进一、二、三产业融合发展纳入整体战略布局，以产业改革为动力，以市场需求为导向，以利益联结机制为核心，以产业与生态的有机融合为落脚点，把三大产业的升级改造作为基础性、关键性的战略来抓，构建符合我国国情农业与二、三产业融合的产业与生态融合的生态经济体系。

产业生态化和生态产业化各自实施推进其重点领域：产业生态化当前的落脚点主要在城市及其周边地区，以产业集群和生态产业园区的形式将上下游关联产业布局到特定的区域范围内，实现企业间设施共享和资源集约循环利用；生态产业化当前应重点从农村推进，把挖掘生态资源市场价值、改造提升生态服务供给的数量和质量作为关键领域，通过各类先进稀缺生产要素的有机融合提升生态产品及服务的附加值。

实现产业生态化和生态产业化的融合：前后相继，相辅相成，既要金山银山，还要绿水青山，把两者结合起来，就是践行"绿水青山就是金山银山"的生态产业化与产业生态化协同推进，也是实现百姓富、生态美的有机统一。

2. 拟突破的难点

从习近平生态思想的理论研究到实践指引的具体经验的调查研究、整理归纳，再到对地方生态文明实践的指导，是本研究拟突破的难点。

实践研究要考虑所解决的关键问题如何落地，落地的途径与可能性。要坚持问题导向的原则，通过丰富的生态文明建设的案例研究，总结出能够贯彻落实习近平生态文明思想的行之有效的机制、政策和措施。

从点到线再到面，提炼出对生态文明建设有实践意义的理论思想，提出相应的政策机制的创新建议；从适应生态文明转型时代的新常态和新要求出发，分析其逻辑起点和方法论，坚持"五位一体"融合，探索出有规律性的新实践，实现从理论到实践；再从实践到理论的提升，完善和构建立足中国、面向世界的生态文明建设理论体系。

二、京津冀生态文明企业合作现状

改革开放以来京津冀地区迅猛发展，在发展的同时带来一定的弊端，自2012年以来京津冀地区雾霾天天数持续增多，其中主要归因于京津冀区域资源型企业集中，且受地理位置影响。由于京津冀地区环境污染集中、持续时间长、治理难度大等实际情况，国家针对该问题将京津冀一体化，环境污染协同治理纳入进国家发展战略，企业作为京津冀区域的重要组成元素、环境污染的制造者，对于京津冀地方企业的发展也成为一个国家和当地政府亟须解决的问题。但由于京津冀三地产业类型的差异，各自为政，分开管治，使得京津冀区域企业生态文明建设工作举步维艰，因此，探讨通过何种途径对京津冀区域企业的经济与生态文明建设之间进行相互协调成为现今迫切需要解决的问题。除此之外，京津冀地区分属三种产业结构，可实现优势互补，这些为京津冀企业生态文明建设合作提供了可能。现今通过相互合作实现资源整合和环境优化已成为我国区域或地区的采取的利于企业经济发展的普遍方式，企业双方为了实现战略目标，实现综合效益，从以往的被动竞争转向积极合作。在新形势下，企业愿意投入时间与精力来最大限度地发挥合作的效益。随着伙伴关系的长期稳定和满足多方的社会福利，公司愿意在建立长期合作的前提下关注企业之间生态文明建设合作的意愿，这对于企业如何提高合作意愿关系至关重要。因此，对京津冀区域企业间生态文明建设合作的研究是可行的，具有一定的实践应用性。

（一）研究现状

1. 国外相关研究现状述评

区域环境治理方面：关于环境治理，国外学者的研究已经很成熟，首先在就其定义问题，联合国将其定义为一个旨在改变环境相关的动因、认知、制度、决策的系统与行为的民主的负责任的干预过程；它是指通过不同利益相关者影响环境管理行动和结果的监管过程、机制和组织（United Nations，2012）。因此对于区域环境治理而言，治理过程更加复杂，要求涉及包括司法的、文化的和多学科的多类边界和多尺度的考虑（Faith Sternlieb，R et al，2013）区域环境的治理主体包括政府、企业和非政府组织，并且强调对于整个系统的管理。在治理过程中，政府只是众多角色中的一个，其他的具有多功能作用的机构包括非政府组织、公民社会团体、政府间国际组织、研究机构、金融机构等（M Leach, R Mearas,I Scoones，1999），这些机构在一个区域的环境治理中扮演着重要的角色（Prakash C，2015）。综合国外的研究成果，我们可以认为，区域的环境协同治理需要首先考虑的是不同区域生态环境资源禀赋的区别，经济和社会发展水平的差异，并据此形成不同区域的政府、企业和社会在统一协调、分工合作基础上的协同治理。其次是需要构建跨区域、多层次、多元治理主体的治理网络结构，并在此基础上促进各参与主体的竞合关系。

企业生态文明建设方面：Melnyk&Sroufe (2003) 实证分析了企业建立环境管理系统对企业绩效的影响，结果表明，正式的环境管理系统能够更加显著地推动企业绩效的提升；反之，则会阻碍企业绩效的提升。柯恩 (2006) 从企业经营的层面上论述了可持续发展战略给企业带来的竞争优势，认为将可持续发展融入公司的整体战略，是提高企业竞争优势的必由之路。Ambec 和 Lanoie (2008) 认为解决环境问题已经成为企业的一个商业机会，许多企业通过实施环境管理战略获得了先于竞争对手的优势。波特 (2011) 通过分析诸多企业案例后提出了企业在环境管理方面的投入能够增强企业竞争力，他认为企业对环境的投资可以创造共享价值，即减少污染与企业利润可以同时存在。

企业区域合作方面：区域分工是合作的前提条件，因而分工理论则构成区域合作的理论基础。比较优势理论是随着自由贸易的发展而产生的。法国经济学家 F.Perruox（1951）率先提出了增长极这一概念，其基本思想是："增长并非出现在所有地方，它通过不同的渠道向外扩散，并对整个经济产生不同的最终影响。"ChardRasesl(2003) 认为区域经济合作是必然的选择，对经济环境和企业发展是有利的。HcardHiggott(2005) 在与美国和欧盟比较的基础上，研究了全球化和区域政府的理论和实践，认为欧盟的模式有利于全球经济管理。

企业博弈论的相关研究：Tisdell 和 Harrison、Beeker、Bielsa（1992）等采用博弈模型对冲突主体的非合作与合作行为进行模拟，在比较不同行为利益的基础上，公平分配合作所带来的利益，从而有效地解决水资源冲突。Lejano 和 Davos（1995）运用合作博弈论对南 Califomia 地区的水土保持项目和水资源重复利用项目的成本分配问题进行了研究，由成本的公平分配方法得到了一个能长期保持稳定合作的联盟。Young（2010）等为实现水源供应项目费用在水源使用者之间分配，将比例法、Shapley 法、核心法与 SCRB（separable costs-remaining benefits）法的结果进行比较发现，没有一个绝对最优的分配方法，所有方法均有效。

2. 国内相关研究现状述评

区域环境治理方面：就我国区域而言，京津冀作为我国继长三角和珠三角的第三个经济增长极，该区域空间的环境协调健康发展是全国其他区域经济可持续发展的重要引领。当前京津冀区域一体化进程正处于一个快速发展的阶段，但是这个阶段正面临着严峻的环境问题，环境问题已经成为阻碍京津冀一体化发展的重要因素（肖金成，2014）。但是京津冀区域的环境治理是一项复杂的系统工程，需要政府、公众、企业和环保组织等多方面密切协作，优势互补，分工负责，共同推动。目前京津冀区域环境治理面临的困境主要包括区域内部发展不均衡、产业结构布局不合理、缺乏统一规划及协调机制、基础设施尤其是交通设施不完善、资源环境约束等问题（蓝庆新等，2016）。面对上述困境，许多学者从不同层面和不同视角来研究京津冀区域的环境治理。一是政治层面，我国区域环境治理主要还应依赖于政府推动（Liang D，2015）。和地方政府的参与（齐亚伟等，2013）。二是经济层面，以 GDP 为核心的干部绩效考核体系导致了地方政府动机扭曲，为了推动其所在地区经济的快速发展，不惜以破坏资源环境为代价（徐现禅等，2007）（周黎安，2007）。三是法律层面，加强区域生态环境协同治理是推进京津冀协同发展的重要保障，然而三地环境立法中的诸多差异或冲突，对区域生态环境的协同治理造成了制度规范层面的制约，京津冀区域的环境治理亟须构建区域环境资源法律体系，为改善区域生态环境提供强有力的法律支撑（孟庆瑜，2016）。此外，还有众多学者对京津冀区域环境治理的研究有所涉猎，但大多限于政策建议层面，没有将现实性问题与中国现实密切结合的理论一一对应。总的来说，京津冀区域环境治理的研究尚处于起步阶段，正处于方兴未艾的上升时期。

企业生态文明建设方面：研究主要集中在转变经济增长方式，走绿色经济发展道路。施放（2000）在市场竞争方面分析，消费者更愿意选择具备环境友好型的产品，而对环境产生负面影响的产品极有可能遭到消费者的抵制而丧失市场，来自消费者的压力及消费者对环保产品的需求，迫使企业向消费者提供环境友好型产品以改善其环境绩效从而提高经济效益。廖福霖（2006）、孟福米（2010）、何福平（2010）、方时姣（2011）指出，推动生态文明建设必须转变经济增长方式，大力发展循环经济和低碳经济；刘思华（2012）从生态经济系统层面构建绿色创新经济发展模式；陆小成（2011）对北京市低碳转型问题进行了探讨。

京津冀的区域合作研究：胡建新 (1999) 从职能分工的角度，认为京津两大城市的职能分工将直接影响到周围城市的发展和区域经济的布局，主张北京将一部分经济职能转移给天津，使天津更多地发挥经济中心的功能，而首都应当大力发展高新技术和第三产业。陈耀 (2001) 定性分析了京津冀地区的工业相对增长率及其上升率，得出其工业化呈现出与全国相逆的趋势，并总结出问题所在，提出搞好京津冀的区域合作对于整个环渤海地区也将起到示范和促进作用。李敏 (2004) 提出加快推进京津冀城市群的对策思路：首先要正确处理京津之间的博弈关系。张淑莲 (2011) 从合作博弈的角度来探讨京津冀区域合作，提到要树立合作互利的区域经济发展利益观，建立区域协调合作机构或者组织并建立利益平衡机制来实现一体化。

企业博弈论的相关研究：有关国内文献，运用博弈论解决企业战略管理问题的专著和学术论文较少，主要集中在理论述评阶段，龚业明、蔡淑琴、张金隆 (1999) 指出博弈论给企业战略管理研究提供了新的方法论；尚宇红 (2006) 考究了博弈论在中国的传播历史；杨纬隆、林健 (2007) 分析企业战略管理的博弈模型特征，认为围棋游戏提供了较完美的博弈仿真模型。

简要述评：从对相关文献研究发现，国内外学者们对区域生态文明建设的研究还比较少，尤其是特定区域的生态文明建设中企业方面的研究还很缺乏。对有关区域合作的研究方面，对京津冀合作范围、分工、相互关系、历史渊源、产业结构等方面进行研究，缺乏合适有效的工具与方法。大多数文献仅仅从宏观政策上指明了方向，缺乏微观基础，而且也没有考虑地方各级政府对待区域合作发展的理性行为，最终导致经济政策"失效"，达不到既定的目的。在京津冀这个特定的环境中，企业之间，企业和政府之间如何通过博弈来实现区域合作，进行生态文明建设是一个值得探究的问题。

（二）研究意义

京津冀区域环境治理表面上是环境问题，本质上是发展问题。从京津冀地区推进经济发展和生态环境的协同治理机制来看，还存在着诸多体制机制和政策落实的现实挑战。如何构建合理的决策和协调机制，打破市场间的行政区隔，提高京津冀环境治理政策执行效果；如何围绕产业分工和产业转移、生态环境保护与治理、资源合作开发与利用、基础设施建设与社会服务等，尽快研究建立区域利益共享与成本分担机制，实现京津冀三地合作博弈；并通过加强监管与问责机制，建立并完善公众参与机制，提高参与性治理水平，这些问题仍需要进一步研究。

对京津冀区域环境协同治理机制创新的重点和难点问题开展研究，主要针对从政府机制设计、企业与公众共治参与机制的角度进行理论与案例研究，并对北京市、天津市和河北省进行有针对性的调研，了解如何通过机制创新，打破"一亩三分地"思维，提高京津冀环境治理的效果，提出相应的政策机制创新建议。

（1）坚持绿色发展，建立京津冀区域产业协同的绿色创新机制。习近平指出，生态环境保护的成败，归根结底取决于经济结构和经济发展方式；推动形成绿色发展方式，科技创新是核心，抓住了科技创新就抓住了牵动我国发展全局的"牛鼻子"。京津冀区域环境治理表面上是环境问题，本质上是发展问题。兼顾京津冀区域生态环境和经济发展，优化产业结构和布局，协调区域内产业的绿色协同发展，以"产业链—创新链—资金链"为对接体系，推动三地产业绿色协同创新；实施绿色技术创新，推进全产业链的升级改造，建立绿色产业链的循环经济新模式；加强区域内产学研合作，建立依据产业分类的绿色创新共享平台。

（2）坚持整体协调，建立京津冀区域决策及协调会商机制。习近平强调生态文明建设要"整体协调"，按照系统工程的思路，全方位、全地域、全过程开展生态环境保护建设。各地区各部门要增强"四个意识"，坚决维护党中央权威和集中统一领导，坚决担负起生态文明建设的政治责任。地方各级党委和政府主要领导是本行政区域生态环境保护第一责任人，各相关部门要履行好生态环境保护职责，使各部门守土有责、守土尽责，分工协作、共同发力。环境污染是一种典型的跨界公共危机，其难点在于环境污染的跨界性、流动性、不确定性与行政管理对于明确职责和边界属性的矛盾。为了提高京津冀区域的环境治理效率，有必要建立区域内的协调会商机制，并常设领导机构，理顺其与三地环保部门的关系。以会商机制为基础，着力解决区域范围内的机动车协作治理、空气重污染应急体系、环评会商制度等备受关注的重点问题。

（3）强化生态意识，建立京津冀区域多元主体参与机制。习近平指出，强化公民环境意识，把建设美丽中国化为人民自觉行动；构建政府为主导、企业为主体、社会组织和公众共同参与的环境治理体系。政府应引导鼓励京津冀区域环境治理的多元主体参与，提高治理效率和效果；政府做好规划引领、强化红线管控、建立有效的生态文明建设激励机制、生态补偿机制等。通过区域内企业协同的成本分担机制，释放生态红利，推动企业生态文明建设的企业自主环保机制，增加生态产品和服务的生产和供给。将生态文明纳入社会主义核心价值体系，倡导绿色的生活方式和消费模式，提高全社会生态文明意识，建立和完善推动生态文明建设的公众参与机制，不仅仅指个人，还包括各类组织机构，建立有效机制以增加公众对自身利益的决策权，使公众能够根据自身状况和能力，与其他利益相关者一起制定有效的发展计划，并采取行动来实现合作共赢。

（4）完善生态法制，建立京津冀区域生态文明的制度体系。习近平强调要用"最严格制度、最严密法治"为生态文明建设保驾护航，让制度成为刚性的约束和不可触碰的高压线。完善京津冀区域环境治理的相关法律法规，并发挥战略引领和刚性控制作用，确立其法律地位十分重要；进一步创建京津冀区域统一的监督执法机构，各行政部门应让渡跨区域部分的环境监管职责，建立"区域管理联合执法机构"；进一步统一京津冀区域内的环保标准，研究制定统一的区域污染排放标准，严格赔偿制度，分阶段逐步统一区域环境准入门槛，建立健全区域生态文明绩效评价考核和责任追究制度。

（三）研究思路

本选题京津冀生态文明建设中企业区域合作的博弈研究，可以通过博弈的方法，探寻出一条实现企业区域合作的道路，在进行生态文明建设时，为相关部门提供京津冀企业合作发展的策略和建议，为其他区域进行生态文明建设提供借鉴。理论界对区域合作的信用问题及利益分配、分割，地区利益矛盾的解决存在着许多分歧，本书试从博弈论的角度来分析企业区域合作的利益与动机，建立企业区域合作的博弈模型，所以研究京津冀生态文明建设企业区域合作具有重大的价值。

（1）京津冀生态文明建设中企业区域合作发展现状评述。通过对国内外区域合作的比较研究，结合京津冀三大区域的区位、资源优势，以及当地的人文、历史、地理环境因素，确定北京、天津、河北区域经济差异现状，并根据差异分析当前京津冀三大区域合作的现状及存在问题；通过问卷调查、深入访谈等方法，重点调研京津冀生态文明建设中企业区域合作的现状，针对未开展合作的企业分析原因，并分析京津冀生态文明建设中企业合作的可行性。

（2）京津冀企业区域合作中的竞争合作关系研究。根据国外区域规划指标和因子的研究成果，从各方利益、竞争因素、合作动力、矛盾冲突、资源因素五个方面综合分析。利益是区域合作的基础，区域合作的根本动力是获得利益；竞争是区域生态文明建设发展和制度变迁的动力，也是区域发展的最重要机制，区域规划要使制度发生效力，必须达到竞争的"均衡"；区域合作是在一定外部驱动力的作用下形成的，是合作主体追求自身经济利益最大化的结果。

（3）京津冀生态文明建设中企业区域合作的模型构建。构建动力机制和利益协调机制模型，并根据问卷调查收集的数据，对所收集的数据进行了科学的整理和分析，建立京津冀生态文明建设的合作机制的模型，验证模型的可靠性；以政府和企业为局中人，构建模型，探究生态文明建设中企业区域合作的政府调节机制，深入分析政府在区域合作中的调节作用。

（4）京津冀生态文明建设中企业区域合作的分析。根据企业生态文明建设中区域合作的博弈关系不同，从纵向的角度以上级政府和地方政府博弈关系及政府与企业关系的不同，分别对其在参与三大区域合作中的关系进行分析；以参与区域合作对象的不同，横向的角度通过对三大地区间生态文明建设企业合作发展过程中资源开发、环境保护以及政府行为的研究，对同质产业间（高耗能产业间）、异质产业间（高耗能和低耗能产业间）生态文明建设企业合作的博弈分析，探讨区域合作模型。

（5）京津冀生态文明建设中企业区域合作的建议。从对京津冀生态文明建设区域合作现状及合作中的问题，以及三大区域合作过程的关系分析，提出实现京津冀协调、互动发展、合作的对策建议，从而进一步分析京津冀区域企业生态文明建设合作发展中深层次的问题。基于 Shapley 值预测区域间企业合作的组合利益分配模型，由于其原理和结果易于被各个合作方视为公平，结果易于被各方接受，可减少利益分配中的消极因素，从而提出相应的利益分配机制和信用机制，有利于生态文明建设中区域合作的持续稳定发展。

第一章 京津冀三地可持续发展水平评价

在分析京津冀区域功能定位的基础上，从京津冀一体化的背景出发，构建了经济、协调，绿色，科技创新和对外开放五个系统的区域可持续发展评价指标体系。运用北京、天津、河北三地2007—2016年经济统计年鉴的数据，采用熵值法对京津冀三个地区的可持续发展状况进行综合评价和比较分析。选择可以反映评价对象行为特征的最优值作为参考序列，采用灰色关联法分析北京、天津、河北三地的相关性及其协同程度，并基于此提出相关建议。

一、京津冀三地社会经济发展现状

京津冀地区包括北京市、天津市以及河北省11个地级市的80多个县（市），位于东北亚环渤海心脏地带，国土面积约为21.8万平方公里，约占全国国土面积的2.27%；人口总数约为10770万人（2012年）占中国内地总人口的7.95%；2015年，京津冀三地地区生产总值合计69312.9亿元人民币，①占全国的10.2%。京津冀地区处于我国三个"增长极"所在区域之一，是中国北方经济规模最大、最具活力的地区，在全国的社会经济发展中具有重要地位，越来越引起中国乃至整个世界的瞩目。

---

① 北京、天津、河北分别为22968.6亿元、16538.2亿元和29806.1亿元，分别较上年增长6.9%、9.3%和6.8%。

图 1-1 京津冀地区的组成示意图

2015 年区域内农业、工业、服务业产业构成为 5.5 ∶ 38.4 ∶ 56.1，北京、天津和河北第三产业增加值占地区生产总值的比重分别为 79.8%、52.2%、40.2%①，均较上年有不同幅度地提高，产业结构继续优化。就具体产业的发展看，北京金融、科技、信息等行业保持较快增长；天津航空航天、电子信息、生物医药等八大优势产业发展持续向好，优势产业增加值占全市工业的 87.9%，同比增长 9.4%；河北金融业增长 15.9%，高于服务业平均增速 4.7 个百分点。统计数据显示，2015 年，北京市第三产业实现增加值 18302 亿元，占地区生产总值的 79.8%，已经进入后工业化阶段，产业结构高端化趋势十分明显。然而河北第三产业比例远低于北京市，仍然以第二产业为主，2015 年河北省第二产业比重 48.3%，仍然处于工业化阶段中期水平，这使得三地的产业协同难度较大。

区域内总共有 35 个县级市及以上的城市，包括 2 个直辖市、1 个省会城市、10 个地级市和 22 个县级市，其中一半以上的城市是 50 万人口以下的中小城市，没有 50 万—100 万人口规模的城市，500 万—800 万人口的城市只有河北省会城市石家庄市 1 个，规模城市密度低，城市体系结构失衡。

① 北京市统计局、国家统计局北京调查总队 2016 年 3 月 3 日公布的 2015 年京津冀三地经济运行情况。

城市空间扩展监测显示，京津冀地区 2013 年的城区总面积已经超过 3747 平方千米，城区面积平均每十年同比增长超过 50%，其中增长最快的 5 个地级以上城市市辖区为北京、天津、唐山、石家庄、秦皇岛，增长最快的 5 个县级以上城市为三河市、涿州市、迁安市、滦南县、静海县（现静海区）。与之形成对比的是，区域内人口城镇化的速度相对滞后，人口城镇化差异巨大，城镇化结构不合理，城镇化强度偏弱。

根据 2010 年第六次全国人口普查数据，京津冀地区人口城镇化的整体水平为 56.23%，比全国平均水平（49.68%）高出 6.55 个百分点。尽管区域内坐落着北京和天津这两个超级都市，但是其城镇化率在全国仍处于相对落后的水平，[①] 且区域内部的城镇化呈现出巨大的差异。一方面是北京和天津的人口城镇化水平分别高达 85.96% 和 79.44%；另一方面是河北的人口城镇化水平只有 43.11%，低于全国水平。这表明也影响到我国人口城镇化的整体进程。京津冀地区城镇人口的聚集程度较高，约 66.1% 城镇人口中居住在城市，其中北京、天津和石家庄市三个城市的人口之和就占到京津冀总城镇人口的 54.9%。而河北省的情况是 54.43% 的人居住在小城镇，100 万人口以下的中小城市仅吸纳了该地区 9% 的城镇人口，明显低于长三角地区和珠三角地区，城镇化结构不尽合理，显示京津冀地区大城市发育不足，小城市对城镇人口的吸纳和承载能力有限，直接关系到该地区的社会经济发展。

由于马太效应，该地区城市间发展呈现强者更强、弱者更弱的局面，城市间人口发展能力不平衡有进一步加剧的趋势。北京市的人口发展优势仍正提升，人口将继续涌入，进一步拉大了与其他城市的人口发展能力差距。有测算结果显示，京津冀地区人口发展能力可以分为三个层次。其中，北京、天津、石家庄三个城市人口经济活力突出、对流动人口吸引度大、劳动年龄人口充足以及医疗教育资源丰富，为第一层次；邢台、承德、邯郸、廊坊等城市在人口发展综合能力方面存在一定短板，为第二层次；张家口等城市为第三层次，人口流出现象严重、劳动力产业结构落后、医疗资源匮乏、高等教育水平有限。由于中心城市的极化效应，除北京、天津和石家庄之外对如张家口、保定、沧州等城市即使经济发展良好对城镇化人口的吸引力依然不足，部分三线城市城镇化人口增长出现停滞甚至负增长。

---

① 东部地区、长三角地区、珠三角地区和东北地区的城镇化水平分别为 59.49%、65%、66%、57.19%。

京津冀城市群空间关系中，北京和天津吸纳资源的"黑洞效应"大于经济辐射效应，这两个超级城市在大规模聚集各种资源的同时，并没有发挥增长极的作用以带动整个区域经济的发展，导致了京津冀地区城市体系的"双核极化"形态，而京津冀区域内行政区的区隔和地方保护主义阻碍了"蒂伯特选择"机制作用的发挥，[1] 多种因素共同作用在一定程度上导致河北省经济发展相对滞后。

京津冀地区资源禀赋优势明显，但承载压力也非常大，尤其是人口、交通、水资源、生态环境等方面的形势已经非常严峻，面临很大挑战。虽然总体经济实力占有优势，但人均 GDP 等方面依然存在差距。2015 年京津冀地区的人均 GDP 约为 6.4 万元，地区内部的差别很大：北京人均 GDP 为 10.6 万元，天津人均 GDP 为 10.9 万元，分别位居全国（除台湾地区）的第 2 位和 1 位，均已进入"人均 1 万美元俱乐部"，而河北的人均 GDP 则刚超过 4 万元，比全国平均水平[2] 还少 0.9 万元，居于 20 位。

区域内重化工业基础雄厚，但是在生态环境的压力下，急需调整升级，战略性新兴产业和高端服务都具有明显的优势。城镇化呈现一个快速加速的发展态势，但是非常不平衡；区域之间的经济联系现在开始加强，但是城市之间的差距还在持续拉大。

京津冀三省市地理相连，同处一个生态单元，在自然条件上是不可分割的，同属于半干旱地区、同一大水系（即海河流域为主体的地表、地下水系网络系统），在防灾、开发资源方面也是密切相关的。且邻近不同地形地貌单元，受相同自然灾害影响的不同行政区（如沙尘、洪水影响的城市）之间存在着紧密联系的生态关系，彼此经济行为对环境的压力及破坏亦具有极强的联动效应，极易形成生态环境—水环境—大气环境的恶性循环模式。中心城市大量占用周边的公共生态资源与环境，造成了生态资源供给地区的生态紊乱，引发京津冀地区的整体环境问题，已经影响到京津冀一体化进程和社会经济的可持续发展。

---

① 蒂伯特机制：不同的地方政府在提供公共服务水平上的竞争，是引导人口均衡化流动的有效办法。在人口流动不受限制时，居民会根据各地方政府提供的公共产品和税负的组合，来自由选择那些最能满足自己偏好的地方定居。如果某地政府提供的公共服务水平高、而税负却相对较低，人们就会涌入这一地区定居和工作，如果各个地方人均享有的公共服务水平大致均等的话，人口就会均匀流动，不会出现大量人口涌入少数地区导致过度拥挤的局面。

② 据《中华人民共和国 2015 年国民经济和社会发展统计公报》，2015 年中国（除台湾地区）人均 GDP49315 元。

二、京津冀可持续发展水平评价

京津冀区域是环渤海经济圈的重要组成部分，包括北京，天津和河北的 11 个地级城市，是继长三角和珠江三角之后的第三个经济增长极。近几年来京津冀区域的发展取得了巨大的成就，但是在发展过程中区域内的发展潜力和实际发展效应非常不平衡，区域之间的发展存在着很大的差异。首都北京是全国的政治和经济中心，拥有着优质的条件，凭借着首都独特的地域优势，众多资源都聚集在北京；天津作为环渤海地区重要的港口城市，位置优势明显；跟北京和天津相比，河北在资金技术和区域位置上不具有突出优势，但是河北的矿物、能源等资源非常丰富，具有很大的发展前景。

2015 年国家颁布了《环渤海地区合作与发展纲要》，提出了京津冀区域一体化格局的发展目标，并将于 2030 年初步形成。这个目标的实现需要可持续发展。可持续发展是一个复杂的巨系统和复杂性科学，国内外专家学者从全球、区域、国家和城市对可持续发展水平和能力有不同的看法，分别从不同角度，不同层次进行了大量的研究。本书从区域层面研究京津冀的可持续发展水平，分析京津冀当前的经济，社会和环境可持续性。并提出相关对策和建议，发挥优势，补齐短板，实现城市群内的资源优化配置对京津冀区域的持续改善以及实现区域的可持续发展。

（一）研究综述

京津冀区域作为我国经济发展动力中的重要引擎，评价区域可持续发展水平对区域发展的可持续性和稳健性具有重要意义。檀菲菲等运用社会经济各相关部门的统计数据及资料，构建区域可持续发展评价指标和各级评价标准，利用集对分析中的同异反态势排序的协调发展评价模型，分析了京津冀地区 2000—2010 年间的可持续发展协调能力。张达等利用单要素评价法和多要素综合评价法，对京津冀地区资源和环境限制性要素以及区域本底特征进行了综合评价。成福伟等用能值分析方法核算近年来京津冀生态支撑区的承德绿色 GDP，得出绿色 GDP 占传统 GDP 的 74.29%。在此基础上通过计算系列能值指标的数值，并对 2004—2011 年相关数据进行比较、评价其可持续发展状况。周伟等运用分工系数和区位商，对京津冀三地的产业分工状况进行实证研究，在实证的基础上根据环境效率评价指标，测算了京津冀三地的工业可持续发展能力。何砚等借助超效率 CCR-DEA 模型和 Malmquist 指数，对 2008—2015 年京津冀 13 个城市的可持续发展效率进行了动态测评和对应项分解，对京津冀城市可持续发展效率的 σ 收敛、β 绝对收敛和 β 条件收敛予以检验。郝大江等以要素不完全流动性为视角，根据经济、社会、资源和环境四方面领域中选择使用频率较高的 30 个单项指标分别代表非区域性要素和区域性要素构建区域可持续发展水平测度输入指标体系，采用包络分析方法来测度区域可持续发展水平。

通过对上述文献的分析，学者们从各个角度探索了京津冀区域的可持续发展状况，包括产业分工、发展效率、资源要素、绿色生态、区域协调等方面。对京津冀区域的可持续发展从仅关注环境方面的发展到注重环境、社会和经济等方面的综合发展，在研究方法上引入系统论和定量的研究方法。但是由于区域的可持续发展中许多因素之间的关系比较复杂，分不清哪些因素之间关系密切，哪些关系不密切，这样就难以找到京津冀区域可持续发展的主要特性。灰系统的关联是一种多因素统计分析方法，它可以定量地表征诸因素之间关联程度。本书在现有研究的基础上，基于京津冀区域可获得的相关数据，从指标体系的角度上剖析京津冀区域可持续发展中各因素之间的关联关系，分析当前京津冀区域可持续发展中亟待解决的问题。

（二）理论演绎

1. 熵值法

熵值法是一种有效的客观赋权方法。具体来说，假设有 n 个年度，m 个指标，用 x_{ij} 表示第 j 年的第 i 个指标的可持续发展水平。则原始指标矩阵为 $x=(x_{ij}) m \times n$（其中，$i=1, 2, \cdots, m$；$j=1, 2, \cdots, n$）。具体计算如下：

（1）归一化处理：

$$正向指标：y_{ij} = \frac{x_{ij} - \min\{x_{ij}\}}{\max\{x_{ij}\} - \min\{x_{ij}\}} \qquad （1）$$

$$逆向指标：y_{ij} = \frac{\max\{x_{ij}\} - x_{ij}}{\max\{x_{ij}\} - \min\{x_{ij}\}} \qquad （2）$$

其中 x_{ij} 表示第 j 年的第 i 个指标的值；$\max\{x_{ij}\}$ 和 $\min\{x_{ij}\}$ 分别代表第 j 年

的第 i 个指标的最大值和最小值。

（2）计算第 j 年的第 i 个指标的比重：

$$p_{ij} = \frac{y_{ij}}{\sum_{1}^{n} y_{ij}} \quad (i=1, 2, \ldots, m; j=1, 2, 3, \ldots, n) \tag{3}$$

（3）计算信息熵：

$$e_j = \frac{1}{\ln m} \sum_{i-1}^{m} p_{ij} \ln p_{ij} \tag{4}$$

对于一个信息完全无序的系统，有序度为 0，e=1，（j=1, 2, ..., n）。

（4）确定指标的权重：

$$w_j = \frac{1-e_j}{\sum_{i-1}^{n}\left(1-e_j\right)} \left(j=1,2,\ldots,n\right) \tag{5}$$

（5）计算指标体系综合得分

第 j 年的第 i 项评价指标的水平得分为：$s_j = w_j \times x_j$

2. 灰色关联度分析

灰色关联度分析是一种多因素统计分析方法，在灰色理论中使用最广泛。它定量地用关联度来描述因素间关系的强弱，大小和次序，核心是计算关联度。从思维的角度来看，关联分析属于几何处理的范畴，曲线越近，相应序列之间的关联程度越大，反之亦然。熵值法虽然可以客观地赋权，但不能考虑指标之间的相关性。为了更好地理解每个具体指标在北京，天津和河北可持续发展水平评价指标体系中的相关性，本书运用灰色关联度分析对京津冀可持续发展趋势进行动态分析。用 Excel 计算指标体系中 10 个特定指标变量与每个周期中参考序列 X_0 之间的相关系数，最后通过相关系数确定相关度。具体分析步骤为：

（1）主要根据以下模型确定灰色综合评价：R=E*W。式中：

$$R = \left[r_1, r_2, \ldots, r_m\right]^T; \tag{6}$$

$$W = [w_1, w_2, ..., w_n]^T, \text{ 其中} \sum_{j=1}^{n} wj = 1;$$ （7）

E 为各个评价对象的评判矩阵，

$$E = \begin{bmatrix} \xi_1(1) & \xi_1(2) & \cdots & \xi_1(n) \\ \xi_2(1) & \xi_2(2) & \cdots & \xi_2(n) \\ \vdots & \vdots & & \vdots \\ \xi_m(1) & \xi_m(2) & \cdots & \xi_m(n) \end{bmatrix}$$ （8）

$\xi_i(k)$ 是第 i 个方案中第 k 个指标和第 k 个最优指标之间的关联系数。根据 R 的数值，进行排序。

（2）确定参考数据列

对于相关性分析，首先要制定参考序列。参考序列中的每个指标都取对应因素的最优值，此最优值是所选方案中的最优值（若某一指标取大值为好，则取该指标在个方案中的最大值；若取小值为好，则取各个方案中的最小值）。不过在定最优值时，要考虑到先进性，又要考虑到可行性，若最优值标选的过高，则不现实，不能实现，评价的结果也就不可能正确。因此本书中的评价体系的最优值选取每个年度内三地中每个因素的最佳值组成参考序列，这样即考虑到先进性，又考虑到在目前的条件下每个因素能达到的最佳状态，具有可行性。将参考序列记为 F*，设 F*= j*1, J*2, … j*n，式中 j*n 为第 k 个指标的最优值。

然后构造矩阵 D，

$$D = \begin{bmatrix} j_1^* & j_2^* & \cdots & j_n^* \\ j_1^1 & j_2^1 & \cdots & j_n^1 \\ \vdots & \vdots & & \vdots \\ j_1^m & j_2^m & \cdots & j_n^m \end{bmatrix}$$ （9）

（3）规范化处理

因为指标体系中的评价指标之间存在不同的量纲和数量级，不能直接用来做比较，因此需要对原始值进行无量纲化处理。在本书中，对所有数据采用均值法进行处理，上面公式中的原始值可以转换为无量纲值 $C_k^i \in (0,1)$，式中 $avg\{j_k^i\}$ 表示年度均值 $C_k^i = \dfrac{j_k^i}{avg\{j_k^i\}}$，i=1，2，… m；k=1，2，… n。这样就有：

$$C = \begin{bmatrix} c_1^* & c_2^* & \cdots & c_n^* \\ c_1^1 & c_2^1 & \cdots & c_n^1 \\ \vdots & \vdots & & \vdots \\ c_1^m & c_2^m & \cdots & c_n^m \end{bmatrix}$$ （10）

（4）计算综合评判结果

用关联分析法分别求得第 i 个方案第 k 个指标与第 k 个最优指标的关联系数为 §i（k），即：

$$\xi_i(k) = \frac{\min\limits_i \min\limits_k \left| C_k^* - C_k^i \right| + \rho \max\limits_i \max\limits_k \left| C_k^* - C_k^i \right|}{\left| C_k^* - C_k^i \right| + \rho \max\limits_i x \max\limits_k \left| C_k^* - C_k^* \right|}$$ （11）

式中，$\rho \in [0, 1]$，一般取 $\rho = 0.5$。

由 §$_i$（k），求得 E，这样综合评判结果为：R=E×W，即：$r_i = \sum\limits_{k=1}^{n} w(k) \times \xi_i(k)$

（12）

如果关联度 r_i 最大，则意味着该序列最接近参考序列即最优数列，说明第 i 个方案优于其他方案，然后排出每个方案优劣顺序。

（三）实证检验

1. 指标体系的建立

对可持续发展评价体系的研究，国内学者主要是集中在区域和城市层面建立指标体系来衡量诸多子系统的可持续性，包括社会，经济，环境和制度等相关方面。可持续发展水平指标体系的选取各有不同，但是都认为可持续发展是一个集经济、社会、生态环境为一体的复杂系统。在现代社会全球经济一体化的背景下，科学的发展是区域进步的前提，创新是可持续发展的动力，协调是可持续发展的内在要求，对外开放是区域适应经济全球化的必然趋势。

根据上述思想，考虑京津冀区域的特点，借鉴孙湛、马骅、杜倩倩等人的研究成果，从经济、协调、绿色、科技创新和对外开放这几个系统来构建京津冀可持续发展水平指标体系，来衡量京津冀区域可持续发展水平。

京津冀可持续发展指标体系分为三层，即目标层 A，一级指标层 B 和二级指标层 Bi。目标 A 级表示"城市可持续发展水平"，是评价指标体系的最顶层。

"城市可持续发展水平"目标水平下的一级指标分为五个，即经济水平（B1）、协调水平（B2）、绿色水平（B3），科技创新水平（B4)和对外开放水平（B5)。如表 1-1：

表 1-1 京津冀可持续发展水平评价指标体系

目标层 A	一级指标层 B	二级指标 Bi	方向
城市可持续发展水平指标体系 A	经济 B_1	人均 GDP（元／人）B_{11}	正向
		GDP 比上年增长（％）B_{12}	正向
	协调 B_2	城乡人均可支配收入差距（元）B_{21}	逆向
		城乡居民消费水平对比（农村居民 =1）B_{22}	逆向
	绿色 B_3	节能环保占一般公共预算支出的比例（％）B_{31}	正向
		万元地区生产总值能耗（吨标准煤）B_{32}	逆向
	科技创新 B_4	研究与试验发展 (R&D) 经费内部支出相当于地区生产总值比例（％）B_{41}	正向
		每亿元研发投入经费的专利授权量 B_{42}	正向
	对外开放 B5	实际利用外资额占地区生产总值的比例（％）B_{51}	正向
		对外直接投资占地区生产总值的比例（％）B_{52}	正向

2. 指标体系的权重

本书以京津冀区域可持续发展水平为研究对象，分别分析了京津冀三地当前的可持续发展水平。相关数据来自《北京统计年鉴 2008—2017》和《天津市统计年鉴 2008—2017》,《河北省经济统计年鉴 2008—2017》和三地国民经济和社会发展统计公报。部分指标数据经过原始数据计算后得到，用 Excel 对数据进行无量纲化处理，得到表 1-2，表 1-3 和表 1-4：如下表：

表 1-2 北京可持续发展水平评价指标无量纲处理

指标层	2007	2008	2009	2010	2011	2012	2013	2014	2015	2016
B11	0.520 059 07	0.559 213 75	0.578 740 33	0.639 375 93	0.706 839 07	0.759 555 75	0.82 216 263	0.870 310 70	0.927 282 96	1
B12	0.000 120 81	0.000 075 12	0.000 083 58	0.000 086 96	0.000 067 50	0.000 066 66	0.000 064 12	0.000 061 58	0.00005735	0.000 056 51
B21	0.894 838 39	0.881 741 71	0.875 193 37	0.866 233 82	0.846 301 14	0.830 852 47	0.814 007 84	0.799 625 18	0.726 815 07	0.704 183 53
B22	0.999 979 03	0.999 979 87	0.999 980 72	0.999 980 72	0.999 979 03	0.999 979 03	0.999 981 57	0.999 982 41	0.999 982 41	0.999 982 41

B31	0.000 013 95	0.000 014 29	0.000 018 69	0.000 017 93	0.000 023 60	0.000 025 03	0.000 026 98	0.000 038 91	0.000 043 73	0.000 046 95
B32	0.999 995 63	0.999 996 05	0.999 996 34	0.999 996 52	0.999 997 48	0.999 997 65	0.999 997 81	0.999 997 98	0.999 998 16	0.999 998 66
B41	0.000 043 22	0.000 045 00	0.000 044 49	0.000 047 12	0.000 046 61	0.000 047 96	0.000 048 30	0.000 047 88	0.000 048 38	0.000 047 88
B42	0.000 239 74	0.000 244 56	0.000 290 02	0.000 349 00	0.000 369 33	0.000 404 73	0.000 448 77	0.000 499 08	0.000 573 60	0.000 574 55
B51	0.000 003 38	0.000 003 54	0.000 003 46	0.000 003 63	0.000 003 54	0.000 003 71	0.000 003 71	0.000 003 63	0.000 003 71	0.000 005 66
B52	0	0.000 001 65	0.000 001 11	0.000 002 04	0.000 003 02	0.000 004 01	0.000 009 83	0.000 016 34	0.000 025 92	0.000 032 82

表 1-3 2007—2016 年天津可持续发展水平评价指标无量纲处理

指标层	2007	2008	2009	2010	2011	2012	2013	2014	2015	2016
B11	0.422 335 37	0.516 830 91	0.551 510 61	0.643 598 70	0.751 983 63	0.823 455 11	0.885 018 10	0.930 684 05	0.955 350 97	1
B12	0.000 124 97	0.000 153 25	0.000 242 58	0.000 103 17	0.000 196 19	0.000 196 20	0.000 122 49	0.000 103 73	0.000 076 73	0.000 044 39
B21	0.933 897 24	0.915 235 39	0.906 765 38	0.891 428 09	0.869 365 20	0.860 452 78	0.882 011 55	0.874 041 31	0.864 245 81	0.851 947 12
B22	0.999 978 14	0.999 979 10	0.999 980 05	0.999 978 92	0.999 979 88	0.999 982 31	0.999 984 14	0.999 985 01	0.999 985 35	0.999 985 35
B31	0.000 006 74	0.000 010 26	0.000 009 59	0.000 016 37	0.000 014 86	0.000 014 87	0.000 015 78	0.000 016 72	0.000 018 92	0.000 014 60
B32	0.999 993 26	0.999 993 79	0.999 994 22	0.999 995 00	0.999 995 26	0.999 995 52	0.999 995 78	0.999 996 05	0.999 996 39	0.999 996 74
B41	0.000 000 91	0.000 001 26	0.000 011 52	0.000 012 21	0.000 015 25	0.000 016 21	0.000 016 99	0.000 016 82	0.000 017 43	0.000 016 30
B42	0.000 453 92	0.000 390 02	0.000 340 11	0.000 415 67	0.000 407 87	0.000 481 46	0.000 506 83	0.000 485 56	0.000 629 59	0.000 646 68
B51	0.000 048 40	0.000 052 38	0.000 058 57	0.000 059 82	0.000 056 59	0.000 059 99	0.000 063 98	0.000 089 44	0.000 074 54	0.000 026 26
B52	0.000 000 22	0.000 003 63	0	0.000 000 42	0.000 007 33	0.000 007 66	0.000 006 85	0.000 012 99	0.000 025 84	0.000 069 28

表 1-4 2007—2016 年河北可持续发展水平评价指标无量纲处理

指标层	2007	2008	2009	2010	2011	2012	2013	2014	2015	2016
B11	0.458 454 37	0.536 040 30	0.573 614 09	0.668 988 36	0.793 065 48	0.854 674 42	0.909 432 76	0.934 930 92	0.941 688 63	1
B12	0.000 431 76	0.000 409 31	0.000 177 38	0.000 424 05	0.000 468 95	0.000 195 01	0.000 162 85	0.000 079 20	0.000 029 82	0.000 156 57
B21	0.828 224 84	0.799 229 62	0.777 796 54	0.760 684 67	0.740 548 79	0.710 603 54	0.697 204 24	0.675 928 83	0.649 305 55	0.620 779 42
B22	0.999 925 69	0.999 930 10	0.999 923 13	0.999 919 88	0.999 928 94	0.999 934 98	0.999 939 85	0.999 943 57	0.999 947 29	0.999 951 23
B31	0.000 063 13	0.000 092 61	0.000 101 45	0.000 093 20	0.000 067 62	0.000 071 20	0.000 088 88	0.000 094 41	0.000 114 94	0.000 099 26
B32	0.000 038 46	0.000 033 50	0.000 032 46	0.000 028 06	0.000 024 83	0.000 023 36	0.000 022 44	0.000 021 36	0.000 021 11	0.000 019 95
B41	0.000 013 70	0.000 013 93	0.000 013 93	0.000 016 02	0.000 017 42	0.000 019 74	0.000 021 60	0.000 023 22	0.000 025 78	0.000 026 24
B42	0.001 277 14	0.001 060 70	0.001 204 28	0.001 492 74	0.001 267 36	0.001 415 52	0.001 478 03	0.001 476 56	0.001 976 99	0.001 936 60
B51	0.000 039 12	0.000 038 28	0.000 032 77	0.000 032 17	0.000 031 92	0.000 032 22	0.000 032 54	0.000 032 40	0.000 033 38	0.000 035 12
B52	0	0.000 000 93	0.000 001 16	0.000 002 79	0.000 004 17	0.000 004 28	0.000 004 43	0.000 005 91	0.000 009 55	0.000 013 51

3. 确定权重

在对数据进行无量纲化处理后，用 Excel 根据熵权法公式计算京津冀三地可持续发展评价体系中各级指标相对于上一层次的权重，如下表 1-5 所示：

表 1-5 京津冀可持续发展水平评价指标体系

目标层 A	一级指标层 B	权重	二级指标层 B_i	权重
城市可持续发展水平指标体系	经济 B_1	0.184 9	人均 GDP B_{11}	0.042 270
			GDP 比上年增长 B_{12}	0.142 606
	协调 B_2	0.070 2	城乡人均可支配收入差距 B_{21}	0.038 238
			城乡居民消费水平对比（农村居民 =1）B_{22}	0.031 928
	绿色 B_3	0.174 6	节能环保占一般公共预算支出的比例 B_{31}	0.142 699
			万元地区生产总值能耗 B_{32}	0.031 927
	科技创新 B_4	0.284 9	研究与试验发展 (R&D) 经费内部支出相当于地区生产总值比例 B_{41}	0.142 714
			每亿元研发投入经费的专利授权量 B_{42}	0.142 178
	对外开放 B_5	0.285 4	实际利用外资额占地区生产总值的比例 B_{51}	0.142 709
			对外直接投资占地区生产总值的比例 B_{52}	0.142 731

这里的熵权并不能表示京津冀可持续发展评价中某个指标对评价体系实际意义上的重要性，而是从指标给出信息的角度上考虑，反映某个指标在评价区域可持续发展中能提供有效信息的多寡程度。因此，从权重计算可以看出，京津冀可持续发展评价体系中提供有效信息相对较多的为对外开放。这意味着它可以为整个评价体系提供更有效的信息。

综上所述，有效信息量越大，指标的变异程度越大，即 2007 年至 2016 年的京津冀区域对外开放系统中各个指标变量的数据变化程度很大。相反，协调发展子系统由于提供了少量有效的信息，表明京津冀区域城乡协调发展在 2007—2016 年间没有太大变化。

4. 京津冀可持续发展水平的计算

根据熵权法确定的权重，利用 Excel 计算 2007 年至 2016 年京津冀可持续发展水平评价体系中，经济，协调，绿色，科技创新和对外开放子系统的综合评分，如表 1-6 所示：

表 1-6 北京、天津、河北可持续发展水平评分 2007—2016

	经济	协调	绿色	科技	对外开放	综合得分
北京	0.312 154	0.743 143	0.402 029	0.000 246	0.000 007	1.457 6
天津	0.316 407	0.657 657	0.319 290	0.000 694	0.000 103	1.294 1
河北	0.032 461	0.059 688	0.000 014	0.000 210	0.000 006	0.923 8

将北京、天津、河北三地从 2007 年到 2016 年的综合可持续发展水平绘成曲线图，可以看出 2007—2016 年间，三地的综合可持续发展水平都呈上升趋势，北京和天津的综合可持续发展水平差距较北京和河北来说，差距比较小。2007 年和 2008 年，北京和天津的可持续发展总体水平几乎相同，从 2008 年到 2009 年，北京的综合可持续发展发展水平急剧增长，之后增速减缓，一直到 2016 年都呈缓慢增长的状态。天津和河北从 2007 年到 2016 年保持持续增长，如图 1-2 所示：

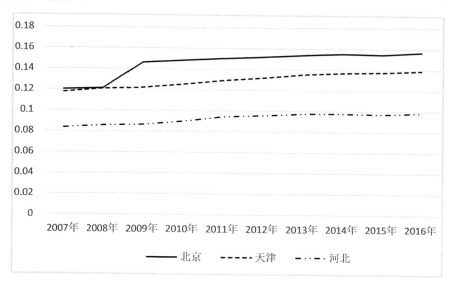

图 1-2　2007—2016 京津冀可持续发展水平曲线

5. 京津冀可持续发展的灰色关联分析

将 2007—2016 年指标评价体系得原始数据进行均值化处理，并计算与参考序列的灰色关联度。如表 1-7：

表 1-7 均值化处理

指标	北京	天津	河北
B11 人均 GDP(元/人)	0.169 1	0.158 0	0.148 9
B12 GDP 比上年增长（%）	0.517 6	0.423 9	0.642 0
B21 城乡人均可支配收入差距（元）	0.453 4	0.576 6	0.775 2
B22 城乡居民消费水平对比（农村居民 =1）	0.339 9	0.423 6	0.422 5
B31 节能环保占一般公共预算支出的比例(%)	0.734 9	0.422 7	0.213 6
B32 万元地区生产总值能耗（吨标准煤）	0.716 1	0.623 2	0.423 8
B41 研究与试验发展 (R&D) 经费内部支出相当于地区生产总值比例(%)	0.927 1	0.522 5	0.423 5
B42 每亿元研发投入经费的专利授权量	0.876 4	0.421 2	0.420 8
B51 实际利用外资额占地区生产总值的比例（%）	0.866 1	0.423 5	0.225 5
B52 对外直接投资占地区生产总值的比例	0.973 6	0.422 3	0.124 5
关联度	0.834 9	0.667 8	0.369 3

根据灰色关联理论，在京津冀可持续发展水平评价体系中，关联度越大的指标变量其表现就越好，在这方面的发展程度越高；关联度越小的指标变量在可持续发展水平评价体系中的表现就越差。对京津冀可持续发展水平评价体系中指标数据的灰色关联分析发现：北京的 B41：研究和实验开发（R&D）经费内部支出相当于地区生产总值比例（%），B52 对外直接投资占地区生产总值的比例（%）这两个指标个指标的关联度都在 0.9 以上。表明科技创新和对外开放这两个因素对北京的可持续发展能力的影响要大于其他因素。对天津而言，协调发展和绿色水平对天津可持续发展水平的影响更大，而经济发展和协调发展对河北可持续发展水平的影响最大。

研究小结与展望

（一）研究小结

根据京津冀一体化的发展要求和区域可持续发展理论，将京津冀可持续发展水平划分为经济、协调、绿色、科技创新和对外开放五大子系统来研究，评价各子系统的可持续发展水平。发现京津冀区域的可持续发展现状如下：

（1）目前，京津冀区域可持续发展趋势良好，取得了一定进展。从2007年到2016年，京津冀可持续发展中的各项指标持续增长，京津冀可持续发展水平持续提升。与此同时，京津冀区域之间的空间协调水平也在不断提高。无论是北京，天津，河北三地之间的空间协同，还是区域各子系统之间结构协同，关联度都得到了显著提高。

（2）京津冀区域与区域之间发展差异很大。根据对北京，天津和河北的数据分析，北京和天津的发展水平相对较高，各个方面所表现出的发展能力都领先于河北。在北京和天津发展的过程中，很多问题也在不断显示出来。

（3）中心城市优势明显，各子系统的发展不均衡，导致京津冀地区整体可持续发展水平较低。河北的可持续发展水平落后比较显著，且增长趋势较缓慢。在未来的发展中应着重提升河北省的发展活力，寻找新的经济增长动力，寻找阻碍城市发展的弊端，减少经济发展中的主要差距。

（二）研究展望

针对以上的问题，本书提出以下展望：

（1）协调发展区域经济，改变垄断局面，实现全面发展

发展的不平衡是京津冀地区协调发展的难点和重点。在北京和天津快速发展的过程中，河北省及北京天津周边的乡村发展缓慢，城乡差距明显，逐渐形成了北京和天津周边的贫困区。经济发展差距大，收入差距大，区域协调意愿下降，使区域协调发展进程缓慢，最终将损害区域整体可持续发展。区域内各个单位，经济和社会的均衡发展，城乡的全面协调发展，环境的持续改善等子系统之间的良性互动协调机制是京津冀区域可持续发展的重要组成部分。京津冀区域要明确资源环境的价值，充分发挥制度和市场的激励和制约作用，创新管理体制和机制，促进经济发展与环境保护之间的积极互动，真正实现可持续发展。

（2）根据不同地区的特点确定不同的发展方向

北京重点是缓解大城市的问题，由于它在京津冀区域发挥主导性作用，要承担其区域内产业结构的优化升级、平衡基本公共服务等方面的带头责任。天津应积极寻求差异化定位，积极整合，加强与北京、河北的联系，尽快实现与北京的产业对接转移，优化生产能力，加快科技型企业的发展，加大整顿生态环境的力度。河北应充分利用资源，让资源转化为资本，实现资源优化配置，

突出资源附加值，努力实现经济效益和社会效益的最大化。

（3）区域内加快绿色产业升级和产业结构转换，维护与改善京津冀地区的生态环境

加快产业结构的绿色升级，加快区域内产业结构的转型，是提高京津冀地区特别是河北经济可持续增长的关键，也是从根本上解决生态环境恶化的关键。根据京津冀区域的特点，对区域内产业进行科学规划，逐步淘汰高耗能，高污染的产业，大力发展节约能源，量化区域内的区域协同效应和可持续发展。以发展潜力产品为突破口，重点培育和加强关键技术，积极推进清洁生产，节能降耗，着重发展生态产业，转变和提升传统产业等绿色技术的应用。全面分析区域内社会和生态基本子系统的范围，逐步形成绿色，高效，可持续的产业结构。

（4）加强三地科技和技术的交流和分享，建立技术共享平台

三地政府应积极采取相应措施，鼓励京津冀区域的高校，科研院所和企业之间的合作与交流。鼓励高校教师，学者和其他科研人员共同开展项目合作，相互补充优势，根据自身研究领域积极参与国家科研项目的研发和技术创新活动。同时，政府还可以组织学术交流活动，为三地的企业和科研人员的搭建沟通和交流的平台，积极推动区域先进技术的传播。通过合作，提高科技创新水平，实现三地之间的双赢发展。

（5）因地制宜，优化区域布局，开辟新时代对外开放的新格局

虽然京津冀区域对外开放的发展取得了巨大的进步，但是区域之间对外开放的程度很不均衡，对京津冀地区的经济增长缺少助推力。京津冀区域应加强引进外资的力度，在各种途径上为外资的进入创造更多的条件。应充分利用区域地理位置，使其成为对外开放的优势。北京市作为首都，要充分发挥它的高精尖产业优势，重点输出和引入高端产业资金；天津市是北方最大的沿海开放城市，拥有外贸港口的先天优势，可以依托天津滨海新区的发展，建设世界顶级制造业基地，尽快调整出口产业结构，增强天津的国际影响力；河北应利用京津地区的技术优势，提高自主创新能力，推动新兴优势产业发展，精准务实开展招商引资，切实转变对外贸易发展方式，积极营造对外开放的社会文化环境，不断提高对外经济合作水平。

第二章 京津冀企业生态文明建设合作意愿研究

引言

（一）研究背景

1.京津冀区域环境

自改革开放以来京津冀地区取得了一系列骄人成绩，但经济的发展势必会对环境造成一定的污染，自工业革命以来，世界上几乎所有工业化国家都有不同程度的环境污染。京津冀地区环境污染集中，持续时间长，参与范围广，治理难度大，举世少有。2008年之前，京津冀区域环境质量整体良好，随着经济的快速发展，京津冀区域空气污染严重，且由沿海逐步向内陆递增，雾霾天气频繁出现，尤其在秋冬季供暖交接的时间内，雾霾天数显著增加，自2013年国家发布《大气污染防治行动计划》并实施以来，各地主动参与，执行有力，并制定了详细的应急预案，从而根据具体行动都应急预案的执行机制与应急细节进行优化，京津冀区域雾霾形势有所缓解，虽有所改善但目前京津冀区域空气污染情况依旧严重。

2.京津冀区域合作

伴随着京津冀一体化深入规划，成为国家发展战略，京津冀区域的长期发展成为一个国家和当地政府亟须解决的问题。京津冀区域环境污染严重，区域大气污染具有流动性、叠加性和跨界性，区域协同发展作为促进区域合作的一个重要的外部宏观影响因素，区域合作治理是处理京津冀环境污染现状的重要途径。但是由于京津冀地区的当前发展方式仍以粗放式发展方式为主，且北京、天津、河北三地各自为政、分开管制，三地以倒逼式合作为主，缺乏协同创新的顶层设计，市场措施少，协同创新慢，多方面标准、构建进度均不一致，以上现状严重影响京津冀区域合作的发展，更加使得京津冀地区环境保护与能源的高效利用目标的实现愈发困难。

3.京津冀区域企业合作

京津冀区域协同发展是我国区域协同发展的一个重要组成部分，在应对区域环境污染的过程中，三地企业合作协同发展尤为重要。企业作为城市或地区的基本"单元"，影响城市或地区发展的现实、未来前景以及在国内的地位程度日渐重要。由于京津冀地区企业的长时间地域积累，各组织之间的分工，专业化和合作得到了促进。为了增加企业之间的相互依赖性，这便需要更多的合作或建立企业合作网络来巩固和发展区域外部经济合作行为，从而对企业带来一定的区域辐射影响，包括区域内集体效率和企业生态文明建设合作优势。通过相互合作实现资源整合和环境优化已成为该地区的普遍现象。除此之外，由于当前京津冀区域存在民营企业数量少，发展缓慢，市场经济不够成熟；区域内部长期的政治壁垒和市场分割；协同发展机制不完全；教育、人才资源的不均衡分配；优势企业分散等问题，使得京津冀区域企业合作的发展面临一系列的问题。

4.京津冀区域企业生态合作

近年来，京津冀区域协同发展的快速推进，使得企业合作的领域不断拓宽，地方政府也越发积极主动，通过资源整合和环境优化成为京津冀地区企业为了进行企业生态文明建设合作的重要因素，在《京津冀区域协同发展规划纲要》要求中，河北省承接着北京地区产业转移的重要作用，伴随着北京市产业结构的调整，北京重工业企业大规模外迁，进一步促进了能源行业上下游在河北的集聚，但是产能的释放，也会为京津冀区域的环境治理带来影响，因此在该过程中，要求河北省需以可持续发展为前提，严把环境关。因此，了解并改善京津冀区域的环境质量已不是一城一地一个行业的事，必须依靠京津冀区域合作协同治理达到有效解决区域环境和经济发展冲突不断的问题。而通过何种途径对京津冀区域企业的经济与生态文明建设之间进行相互协调成为现今迫切需要解决的问题。

综合以上所述可知，对京津冀区域企业间合作的研究是可行的，具有一定的实践应用性。由于学者们之间就研究视角与研究对象之间存在差异性，多数学者研究内容多为就某一特定影响因素对企业生态文明建设合作的影响，如信息共享、资源整合能力等，且研究结果较为分散，尚未见全面的综合研究。为此，本书以北京，天津，河北地区企业的特殊性和企业间合作的特点为基础，对北京，天津，河北地区企业进行了问卷调查。运用实证研究方法，研究影响京津冀企业合作意愿的因素，探讨提高企业在生态文明背景下合作意愿的因素和途径，预计将促进北京，天津和河北地区企业之间更广泛，更深入的合作。除此之外，由于企业间在实现战略目标最大化，企业综合效益最优的合作过程中，企业成员的观念也在发生着变化，区域合作双方的关系是建立在彼此互惠的前提下的，在合作过程中逐渐由被动转向主动。随着伙伴关系的长期稳定和满足多方的社会福利，企业愿意继续发展关系。可以看出，建立长期合作关系的前提是企业之间的合作意愿，如何提高合作意愿对于建立和发展合作关系至关重要。

（二）研究目的及研究意义

1. 研究目的

京津冀区域生态文明以研究从宏观到微观的方向为主，研究者对其研究相对发散但更多是先确定因素，然后再对这些因素进行假设取证，既基于固定因素对企业之间生态文明建设合作进行分析，除此之外有学者将研究视角放在企业生态文明建设合作的内容和最终的合作满意效果进行分析研究，对集中于特定区域企业生态文明建设有关的文献研究依旧很少，现有的研究更多采用逆向思维对其进行分析。企业之间进行合作的意愿的产生或动机不是凭空产生创造的，取决于企业双方之间的关系、企业规模、企业性质、企业对已有资源的吸收整合等多方面因素，同时还需考虑参与企业生态文明建设合作是否会为企业带来一定的风险，因此研究影响企业间生态文明建设的合作影响因素是非常重要的，对以上因素进行了解分析对于实现京津冀区域内企业间的生态文明建设合作具有重要的意义。

本研究分析了京津冀地区企业基本信息等相关数据，期望在对京津冀企业生态文明建设影响因素中找出其主要影响因素，数据通过问卷与调研访谈的形式予以收获，调研形成数据，数据反过来验证数据的有意与否，因此，本研究结论具有一定的现实意义。

2. 研究意义

（1）理论意义

从理论研究角度出发，国内外学者对于京津冀区域内企业生态文明建设合作意愿的研究很少，合作意愿主要侧重企业之间合作的意向，本研究希望通过对理论进行梳理，分析京津冀影响区域内企业间生态文明建设合作意愿的因素，为京津冀区域生态文明建设合作研究提供一定的理论支持。

（2）现实意义

在实践角度出发，现今国内外对企业生态文明角度的研究还受到企业规模及合作能力的影响，仅仅依靠企业自身去进行资源的优化、技术的创新，对于经济情况不太好的中小企业来说，无疑是雪上加霜，因此企业间需要通过合作的方式实现"互帮互助"。因此企业之间迫切需要达成合作，建立成熟的合作路径，本研究从源头上对企业是否能够达成生态文明合作进行研究。从企业生态文明建设的角度关注影响京津冀区域企业生态文明建设合作意愿的因素，优化企业和企业，企业与大学，企业和政府之间的技术合作具有重要的现实意义。

（三）研究思路和技术路线

1.研究思路

鉴于本研究主要从企业生态文明建设的角度研究京津冀企业生态文明建设合作意愿的相关影响因素，根据以往参考文献选择相关变量。设计适合的调查问卷，并对京津冀区域内相关企业进行调查，收集大量的第一手原始数据，结合相关文献资料，在此基础上对相关变量的可取性进行验证。利用问卷调查法，收集数据，对数据进行回归分析，旨在为京津冀地区的企业如何合作提供理论方法和实践指导，研究生态文明背景下京津冀企业生态文明建设合作意愿的相关影响因素，从而促进企业间的跨区域，跨行业合作，以增强京津冀地区相关企业的环境绩效，提升企业社会形象，改变企业发展现状，最终促进京津冀区域生态文明建设。

2. 技术路线

本研究的技术路线图如下：

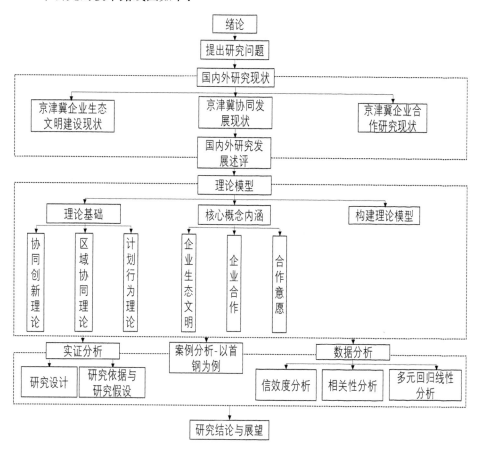

图 2-1 技术路线

（四）研究内容

本书从文献综述入手，在阐述协同创新研究现状及相关理论基础上，分析京津冀区域企业生态文明建设合作的动机因素，并根据组织行为理论对京津冀区域内企业生态文明建设合作现状进行分析。采用问卷调查实证研究方法，剖析企业生态文明建设合作意愿的影响因素，以期为企业及其他合作伙伴更好的提供针对性的意见和建议。本书研究内容主要包括如下七个部分：

（1）第一部分引言，从研究背景出发，对研究的目的，所涉及的方法、内容、现实意义及实践意义等内容进行阐述。

（2）第二部分是国内外研究现状，此部分主要是通过查阅大量的文献与书籍来归纳和总结京津冀企业生态文明建设现状、京津冀区域协同发展现状、企业生态文明建设合作现状，并通过调研了解现今京津冀企业生态文明建设合作现状。

（3）第三部分是理论模型。通过查阅文献，调研等方法，有针对性地对相关研究的理论基础进行了解，其中主要包括组织行为理论、企业合作理论、区域协同发展、协同创新理论等，这些理论能够为下文的相关论述提供原理性的支撑。通过参考文献，研究访谈等方法，我们可以了解当前北京、天津和河北的企业生态文明建设合作现状，企业目前的生态文明建设状况，目前在京津冀地区的企业定位，以及企业跨地区合作的意愿（如：企业是否愿意与京津冀其他区域的企业进行合作，人力、财力、物力等方面的需求）；影响企业生态文明建设的因素既有内部动因，也有外部动因，总结变量因素构建模型。

（4）第四部分是实证分析。设计调查问卷，其目的是为了进一步深入研究，扩大研究范围，使结果更加真实可信。查阅文献，分析所需的理论依据并针对所拥有的理论依据提出假设，最终对问卷的设计与回收进行解释说明。

（5）第五部分是数据分析。通过收集反映企业基本特征的因素数据（包括企业负责人的基本信息、企业属性等因素）；外部环境因素数据（包括政府管制、政府支持、新技术的研发与出现等因素对企业生态文明建设合作意愿的影响）；通过数据的回归分析，研究对京津冀企业生态文明建设合作意愿影响最为显著的因素，结合系数特征，分析了企业合作对京津冀企业生态文明建设的影响程度。

（6）第六部分是案例分析。本书以某钢铁有限公司为例，分析了企业生态文明建设现状、企业生态文明建设合作当中面临的问题等，由于当前合作方式多为政府倒逼式要求来进行，因此企业的期望要求主要围绕政府激励、惩罚政策来进行。

（7）第七部分是研究结论与展望。主要对本书研究的结论做出分析和总结，提出管理启示和建议，指明文章的研究不足和对未来研究的展望。

（五）研究方法

由于本研究主要从实证的角度研究生态文明背景下企业生态文明建设合作

意愿的相关影响因素，且主要是从企业的角度出发，因此为了能够方便选取影响企业进行京津冀企业生态文明建设合作的相关因素，并以真实可行性强的数据对其进行验证，本研究主要采用了传统的文献阅读和实证研究相结合的研究方法。

（1）文献研究法。本书通过对相关文献资料进行系统性梳理，并借鉴前人已有的研究成果，对国内外有关生态文明建设、企业合作概念、企业合作动机等相关文献进行梳理，从而为本书的撰写提供理论基础，以文献资料为支撑并为研究京津冀企业生态文明建设合作奠定理论基础。

（2）问卷调查、调研访谈法。本研究涉及京津冀地区的企业生态文明建设合作的案例分析，考虑不同行业其生态文明建设可能存在的差异性，通过问卷调查的形式获取大量研究对象的数据。同时进入企业进行实地调研访谈，了解京津冀当地政府、组织协会、高校、科研机构等在京津冀区域企业生态文明建设中所扮演的角色类型，为研究归纳梳理第一手资料。

（3）实证研究方法。以问卷和调研访谈结果为主，来验证已选择的相关变量。运用实际数据定量分析，客观地证明所选择的相关因素是否对京津冀企业生态文明建设合作意愿产生影响，通过实证研究的过程，影响是否积极，影响程度等，总结和梳理了生态文明背景下京津冀地区企业间合作的意愿。

（六）可能的创新之处

京津冀企业之间如何开展创新合作，事关国家重大战略布局的实施，是当前学术界和企业界关注的热点问题，目前对于企业生态文明建设合作的研究涉及较少，且多以与高校和科研机构合作为主，此外，目前多数研究属于结果导向型，且受环境因素影响较大，因此，对于区域企业的作用也相对有限。但是本研究主要从源头上研究生态文明背景下京津冀区域企业合作意愿，期望相对比较完整的整理出企业生态文明建设合作意愿的相关影响因素，这些因素对寻求合作伙伴的公司具有重要的参考。

研究内容上通过调研访谈，从源头上研究生态文明背景下京津冀区域企业合作现状；通过文献梳理整理出企业生态文明建设合作意愿的相关影响因素，并采用 PEST 环境分析模型对企业生态文明建设合作的外部环境影响因素进行分析；设计调查问卷进行数据分析，通过案例分析结果对数据分析结果进行补充说明。

研究方法上主要采用实证研究的方法。在分析京津冀地区企业开展生态文明建设的意愿的基础上。以京津冀地区企业为研究受访者，从企业内部分析在企业进行生态文明的建设过程中企业社会责任、企业参与企业合作意愿、政府激励机制、公众期望的作用比重，最后，我们将找出影响该地区企业合作意愿的障碍，为未来企业的生态文明建设合作提供参考。通过实证研究方法验证企业在生态文明背景下的意愿，使得该研究更加直观，符合现今学术研究的要求。

一、国内外研究综述

（一）京津冀企业生态文明建设现状

1. 企业与生态环境保护

（1）生态环境保护问题

生态环境保护研究涉及生态环境保护现状、问题及对策和生态保护机制等方面。不同学者对其内涵与外延及你醒了不同意见的辨析（陈百明，2012）。中国前经济处于转型时期，生态环境保护要解决的问题已经提上日程，但就现状而言，中国发展造成的环境压力依然巨大，工业化过程效应叠加影响严重，环境治理难度大，治理体制和制度效力难以发挥（洪大用，2013）。因此，生态环境保护对策一般从意识、制度、技术、机制等层面进行，尤其是各种补偿机制及效果评价研究较多。有学者从劳动价值论、外部性理论、生态价值论、制度变迁论、演化博弈等理论层面对环境保护的问题和补偿性措施进行论述（江若琰，2014；熊磊，胡石其，2018)，对国家重点污染防治领域进行了任务的分配，根据地区污染排放指标和实际需要，科学制定实施差异化管控措施和监管措施，坚决抵制"一刀切"现象的发生。其中，总体来看，目前生态保护补偿依旧遵循"谁受益、谁补偿"原则，但补偿范围偏小、标准偏低，利益相关各方尚未建立良性互动的机制，生态环境保护成效不明显（周伟，2018），需从横、纵、深三个维度体现三大特征，横向上空间管控、纵向上绿色科技与制度创新、深度上与国家重大发展规划相结合（纪涛，2017）。

（2）企业与生态环境协调发展问题

随着国家经济向转型升级方向发展，资源环境和生态保护的矛盾问题凸显，体现在：人民对于生态环境质量的要求和生态环境的承载力之间的矛盾突出，企业对于经济增长的需求和节能减排压力之间的矛盾扩大，企业对于生态环境建设和保护能力的需求和环保政策、措施严重滞后之间的矛盾凸显。生态环境保护成为国家经济发展的重要问题，尤其 2015 年国家做出全面推进生态文明建设的指导意见并制定总体方案，生态保护环境政策和资金扶持力度空前加大，企业面临的机遇和挑战并存（江若琰，2014）。企业与生态企业作为国家生态文明建设的主体之一，首要的任务便是需要转变发展理念。立足生态文明建设，明确环境保护的主体意识和社会责任，走低污染、低耗能、低排放路子，实现企业与生态环境稳定双赢发展（江若琰，2014）。其次，实施低碳、绿色发展战略。采取低碳发展模式，实现采购、研发制造、物流、营销等各环节低碳化。制定低碳发展途径，进行低碳能力建设和评估。从组织文化、管理系统、技术创新等角度保障绿色、低碳发展战略的顺利实施（张波，2014）。绿色发展战略包括绿色意识，绿色责任，绿色生产，绿色营销，绿色产品，绿色技术，绿色绩效评估等许多建设内容（张东，2013）。绿色发展战略包括绿色意识、绿色责任、绿色生产、绿色营销、绿色产品、绿色技术、绿色绩效评价等多项建设内容（张东，2013）。最后，构建企业发展与环境保护、环境共生、环境各环节、政府、企业、公众共同参与的全过程协调保障、综合决策、协调治理管理机制（江若琰，2014）。

（3）企业绿色发展

企业的绿色健康发展是企业生态文明建设的重要内容，企业绿色经营管理模式是我国企业实现可持续发展的必然选择。民族企业如何顺应绿色发展浪潮，面对入世后的机遇和挑战，及时制定绿色发展战略，走上符合要求的第三条创业之路，是一个不容回避的、需要积极探索的重大课题（钭晓东、黄秀蓉，2006）。

企业绿色发展在宏观上内容主要涵盖企业绿色发展的现状和问题，企业绿色发展的理念和意识，企业绿色发展的战略规划、企业绿色发展体制机制、企业绿色发展的模式创新等内容，微观绿色发展研究侧重于绿色转型、绿色责任、绿色发展行为和路径、绿色模型、绿色生产、绿色经营、绿色产品、绿色人才和绿色评估等问题。首先，企业需要引领绿色发展理念。绿色发展理念是五大发展理念要义之一，解决的是思想和意识层面问题，解决的是人和自然和谐发展问题。企业必须树立绿色发展观，形成绿色发展意识，将绿色理念融入企业的各个层面，形成可持续的企业文化。才能够提升核心竞争力，解决绿色转型中存在的问题，通过加强绿色企业有关的绿色理念教育，提高的绿色意识和环境质量（郭吉安、曾学冬，2003）。第二，制定绿色发展战略规划。有学者从战略实施角度考虑，认为企业绿色发展战略有指挥型、变革型、合作型、文化型、增长型四种模式。有学者从企业业务流程角度考虑，企业绿色发展是企业整体部门的绿色发展，是企业产品在设计等方面的建设内容。也有学者指出构建绿色转型过程中的目标协同、动力协同、过程协同、模式协同的低碳创新协同模式（陆小成，2015；伊静、李军蕊，2009）。第三，数字化企业绿色发展路径包括数字化绿色设计、绿色制造，绿色技术创新组织、绿色宣传、大数据管理的绿色应用（傅为忠、边之灵，2018）。通过对一定体制机制的完善，从而对机制建设相关问题进行解决（张东，2013；陈婕，2018）。第四，区域绿色转型。从绿色发展理念和可持续发展理论的角度出发，资源型区域适合选择在本区域实行绿色转型模式，并通过产业的绿色转型和经济发展方式的绿色转变，使区域内资源型产业发展步入可持续、低碳化的发展道路（孙毅、景普秋，2017），从环境政策、绿色技术、市场需求、企业资源条件和绿色意识等方面分析影响企业绿色转型的动态和阻力因素（廖中举、李喆等，2016）。

2.基于生态文明的企业社会责任

作为合同组织，企业有明确的合同和隐含的合同。作为小额合同的明确合同是企业与每个经济体签订的实际合同，以及隐含合同，作为一个广泛的假设契约，在当今发达的信息时代，跨国公司必须认真对待生态文明的生存环境。生态文明建设需要企业履行社会责任，这一视域下的企业社会责任是一个多维度、多要素的系统概念（陈程，2015），其应包含经济、法律、伦理、慈善等方面的责任和义务。

1971年，美国经济开发委员会（CED）定义了企业社会责任的相关概念：认为企业社会责任是三个中心圈：最内层圈子的责任也是最基本的企业责任，即为社会提供产品、工作机会和促进经济增长的经济功能；第二个层面是中间圈的责任，该部分主要负责在实施经济职能时所引起的周边环境和社会氛围的变化；最后，责任的外部圈子包括他在更大程度上促进社会进步的无形责任。1998年，世界企业永续发展委员会对企业社会责任进行定义，认为企业应对员工及家庭、社区、社会等所有利益相关者承诺负责。欧盟对企业社会责任（Corporate Social Responsibility）做出如下定义，"在自愿的基础上，企业将社会和环境问题纳入日常业务运营和与利益相关者的互动"（企业社会责任CSR）。除此之外，世界银行和国际同友会还均指出企业社会责任的目标在于追求企业的可持续发展。可以看出，企业社会责任经历从基于伦理的广义企业责任到基于利益相关者的具体企业社会责任，再到基于可持续发展的绿色企业社会责任的转变。

在结构维度上，有学者认为企业社会责任包括环境保护责任，环境法律责任涉及的道德责任和法律责任层面（陈程，2015）。在主体要素上，有学者认为企业应承担对股东、员工、消费者、社区和当地政府等利益共同体的责任，并考虑责任分配（舒慧颖，2013）。

表2-1 国内企业社会责任概念研究综述

作者/时间	企业社会责任	视角
卢代富（2002）	关系责任或积极责任；其余利益相关者为义务对象；集企业法律、道德义务，或是正式、非正式制度安排的统一体；对传统股东至上原则的修正和完善	利益相关者
屈晓华（2003）	对员工、国家、消费者、社区应履行的义务和责任、企业制度和行为规范、企业与利益相关群体间的互动关系、企业经营目标的综合指标	利益相关者
王茂林（2005）	企业责任观、社会责任首要任务、企业社会责任具体范畴、企业核心竞争力	企业责任观
黎友焕（2007）	社会发展的重要助推力、构建和谐社会、社会财富优化配置、有效调节社会公平与经济效率、维护社会稳定、构建公共环境和自然环境的保护屏障	社会责任
马强强（2011）	企业责任成为企业实现可持续发展的必然选择。实现人与自然、经济与生态的统一	可持续发展
刘素杰、李海燕（2013）	企业生态责任、企业社会责任、国家生态文明建设、可持续发展战略、企业自身责任引导、社会责任实现机制、可持续发展的生态责任的实现机制	生态机制
张鹏等（2014）	协调人与人、人与自然、人与社会三方面的关系	可持续发展
李剑玲（2016）	以盈利为主要目标、可持续发展、生态环境保护原则、企业社会责任评价和管理制度、经济、社会和环境的协调发展	协调、可持续发展

由上述分析可知，企业不仅要承担环境责任还要地相关利益共同体承担责任，通过协调经济发展和环境保护之间的关系，实现社会可持续发展。目前企业生态责任履行存在伦理和道德困境，生态责任意识缺失，能力薄弱，教育不到位，制度不完善等诸多问题，应该从道德、技术、机制、法律等层面采取措

施，尽快摆脱困境，促使企业履行社会责任，构建企业可持续发展生态。因此，企业要注重培养环保意识和道德责任，履行环境法律的强制责任，积极参与环境管理体系认证，在追求自身经济利益的同时兼顾环境和资源承载力，积极选择绿色创新技术，降污染、低耗能，实现绿色创新发展（舒慧颖，2013；陈程，2015）；企业对利益共同体承担责任，对其权益和要求提供保障，是推进生态文明建设、构建和谐社会的共同要求。企业应该遵守国际标准和法律规定，从法律保障、企业环境和企业文化层面切实保障股东、员工、消费者、同行的合法权益，实现企业可持续发展。企业对社区、政府责任可以从遵守法律规定、提供就业机会、生态环境建设、生态公益活动等方面进行，实现企业与社区、政府的良性互动、互惠共赢、和谐发展。企业对同行责任体现在维持良性竞争，共建和谐商业生态圈（舒慧颖，2013；陈程，2015）。

鉴于此，有学者基于生态文明视角构建企业社会责任实现路径和评价指标体系（舒慧颖，2013；赵美艳，2014），建立一种政府、企业和社会公众等多方共同参与的工作机制，以实现各方的共同利益诉求（邢秀凤、王琦、陶国栋，2009）。从政府、企业和社会三个层面出发进行协同治理，建立服务型政府理念、科学的国有企业社会责任评价指标体系、加强社会监督，加强新闻媒体监督，建立第三方评估机制，强化社会组织的监督功能（陶林，2018）。

从国内外研究学者的研究角度出发，在有关企业社会责任内容方面，他们对企业社会概念进行了延伸扩展，使得企业社会责任的概念越发清晰明了，但从政府或非政府组织机构角度出发，他们对企业社会责任的内容却表现出了不统一的态度。企业社会责任概念的界定清楚表明，企业社会责任不仅仅只代表对股东权益负责，还要求其对其他方面进行负责，以上对于如何处理责任以及如何履行责任没有详细的解释和解释。

由此可见，新时代企业承担社会责任具有紧迫性、必要性和现实性，是企业全面深化改革，维护员工利益的需要；节约能源和减少排放，需要建立生态文明建设制度；体现社会主义制度的优越性，加强国家宏观调控的需要；实施"一带一路"倡议和国有企业走向全球的需要。本书通过分析京津冀企业生态文明建设的现状，了解影响企业生态文明建设的因素，了解不同参与者在企业区域合作中的作用和作用。

（二）京津冀区域协同发展现状

京津冀区域北京和天津、天津与河北的产业相似度较高，但其中北京与河北之间相似系数较低，协作倾向较强，产业差异较大，多为资源消耗型企业，京津冀协同发展应当加强环境保护与治理，培育新兴产业，重视京津冀增量利益共享机制建设。注重现实性和学理性，将环境效应、经济效应、福利效应等同时纳入京津冀协同发展过程中，构建政府、企业、民众间的博弈模型（皮建才、仰海锐，2017）。同时，要从脱离传统系统框架的束缚、创新驱动发展、优势再造三个角度出发，明确区域协同治理目标，从而对京津冀协调发展的战略规划进行阐述，构建政府网络系统、市场网络系统和社会网络系统三个区域系统系，完善政府、市场和社会的制度机制（丁艳如等，2017）。

1. 京津冀区域协同治理

中国对区域协同治理的理解最早来源于外国书籍对它的翻译，在我国区域治理的应用研究主要集中于都市区治理，通过划定环境区域，以环境区为一个整体，进行污染防治。通过区域间的协同治理来防治环境污染，第一须通过跨行政区的政府联动才能有效解决跨区域的环境污染问题（杨妍，2009），并在承认共同但有区别责任原则的基础上加强区域立法，强化区域协同在治理环境污染中的作用（常纪文，2011）。第二，通过创新区域环境污染治理模式，扩大公众参与，建立多元主体协同及政府间协同治理的环境污染的机制。第三，建立财税分享机制，将重心放在解决产业和利益分配机制以及更深入合作的生态补偿机制的制定，从而为京津冀城市群的可持续发展提供保障条件。有学者认为应当建立健全区域环境保护监管和联防联控机制，探索排污权交易制度的相关机制，从而实现京津冀城市群的协调可持续发展（刘法，2014）。有学者还指出，京津冀地区的协同治理需要政府提供强有力的政策支持和稳定的资金渠道，建立跨地区的生态和水资源补偿机制；从法律和制度的角度规范补偿行为，从而实现京津冀生态经济的可持续发展（肖金成，2013），充分利用行政和市场的双重作用，实现区域生态治理的成本最小和收益最大化，增强不同地区参与生态治理的动力。最后，在协同治理问题上，京津冀三地环保部门还签署了《京津冀区域环境保护率先突破合作框架协议》，促进三地的环境保护领域的合作。

2. 京津冀企业协同创新

开放式创新背景下单个企业的创新模式逐步演变为协同创新，企业生存和发展离不开协同创新，涉及与协作合作伙伴的领导角色相关联的动态组织过程，其中探索式和开发式模式成为其重大突破点；侯光文和薛惠锋也认为如果企业过分依赖对现有内部知识的改进，很有可能陷入"熟悉陷阱"，阻碍企业的发展。在此基础上，协同创新的主体也从单一企业实体发展到多元化（企业，大学，科研机构，政府）实体。与一般合作创新（生产，研究和研究合作，战略联盟）不同，协同创新强调合作中的双赢和整体最优。强调异质性的合作实体发挥各自的能力和优势，整合不同合作实体的资源，实现创新要素的优势互补。加速创新成果的推广，最后实现知识的增值，因此，区域协同发展的动力在于协同创新，京津冀三地应按照"优势点、集群、集团链和网络形成系统"形成协同创新路径，开发和应用社区组成的创新生态系统（李惠茹，2017）。

3. 京津冀协同发展机制

有关京津冀协同发展机制的研究主要集中在国内，近年来学者们对有关京津冀协同发展机制的研究日益增多，且多局限在自身的研究领域，未加以扩展，缺乏全面、立体、多方位、多角度的综合研究，尤其是缺乏从系统论、协同论等相对应的系统理论做指导，因此，构建京津冀地区生态环境协调保护机制体系，需建立京津冀生态环境协调协同运行管理平台，并加以应用。完善京津冀生态环境协调保护的长期补偿和市场化机制，建立京津冀区域污染治理协调投资体系。为了更详细地对京津冀区域协调发展机制的研究进行说明，下面加以补充说明：（1）对京津冀城市群协调机制加以完善，建立健全京津冀三地范围内的环境监管和联防联控机制，制定并执行有关生态环境保护责任追究和环境损害赔偿制度；积极探索排污权交易制度机制的建立（刘法，2014）。（2）构建跨区域生态补偿（主要指对水资源）机制，通过政府提供的强有力的政策支持和稳定的资金渠道，从国家法律层面对补偿行为予以规范化，从而实现京津冀三地生态与经济的可持续发展（肖金成，2013）。（3）建立横向协调与纵向协调相结合的协调机制，探索建立区域税收分享制度、成本分摊机制与生态补偿机制（叶堂林，2014），加快对京津冀三地统一治理的中长期发展规划，从而最终建立京津冀三地的长效协调机制，建议成立"决策层＋协调层＋执行层"的协调体制（丛屹，2014）。

（三）京津冀企业合作研究现状

1. 企业合作概念

伴随企业之间竞争的日益复杂化，越来越多的企业从竞争走向合作，因此企业合作问题日渐成为产业组织领域探讨的重点话题。企业之间如何进行合作也受到越来越多学者的关注，但是其研究主要围绕企业间合作动机、企业合作模式的选择、企业合作意愿影响因素等方面，通过对我国企业合作问题的讨论，对于促进中国京津冀区域经济在社会主义市场机制下的协调发展具有非常重要的理论和现实意义。在当前的发展阶段，京津冀企业的合作模式主要体现在两个方面：两种分组和战略联盟，其中战略联盟应用最为广泛，但是由于京津冀企业与行政区域内的合作和远程合作的合作，地区间的合作结构松散，规模效应和范围经济无法实现。因此，当企业由于收入差距较大而不愿合作时，政府应给予充分的政策引导和利益补偿机制。而企业自身也应当认真对待和选择合作的方式与模式，建立合理的公司治理机制，共同促进合作与创新，并最终实现京津冀其余企业合作的可持续发展（白翠玲、苗泽华等，2008）。

有关企业合作的研究，多数学者是从企业合作概念的角度出发，试图对企业合作这一常见用语进行规范界定，其中学者王辑慈（2001）认为合作涉及承包商和分包商之间的互补行为，通过合作，以便及时和定量地生产高质量的产品，与此同时还包括竞争者之间的合作，以创造外部规模经济。汪秀婷（2002）认为企业联盟和企业合作是相同的概念，即在技术，资金，人力，信息和其他资源方面实现互补优势或在市场上分享。合作形式可以包括不同的形式，例如合并和收购，相互购买和合资企业。Iur Christof Truniger（2002）认为企业合作是法律上独立的企业，它们共同完成某一项目或者某一企业行为，在此过程当中既包括同一市场范围内企业之间的合作，也包括不同市场企业之间的合作，众多合作里面企业合并是合作双方结合最紧密的形式，合并后的企业是法律上和经济的统一整体。李新春（2000）认为战略联盟主要指两个以上（包括两个）企业根据企业自身发展战略要求所形成的意愿，其中主要来自对实现市场预期目标和企业自身发展经营目标的期许，从而通过某种契约而结成的优势相长、风险分担、要素双向、组织松散的新型经营方式，它是几家企业为追求彼此的利益而靠资源、潜力和核心能力结合起来。桂萍、龚胜刚、彭华涛（2002）等学者认为企业合作是两个或两个以上企业的市场外部环境和企业生产经营的分析，从自身利益出发，考虑到双方的利益，通过各种协议建立生产、销售、管理和技术开发等方面的相互合作关系。

2.企业间合作动机

对于企业间合作动机的研究，学者们主要从理论与政策方向进行了研究，其中理论方面：有学者从资源依赖理论角度出发，认为企业间合作的目的是为了获得异质资源（Jr DJK，2003），资源作为企业竞争优势的主要来源，其持续性取决于他企业获得该资源的难度和代价（梁浩，2006），因此在日常经济活动中，企业需通过一定的合作关系来得到更多的资源使用权。有学者把企业资源分为了七大类，主要包括物质资源、人力资源、财务资源、信息技术资源、市场资源、组织资源和法律资源等，由此可以得出，企业间通过合作主要获得的是无形资产类资源，如核心技术和知识等，从而达到优化资源的目的。除此之外，一些学者认为，企业间进行合作的动机主要是从交易成本的角度来降低交易成本，有研究表明，通过企业之间的合作可以避免形成层级结构复杂的组织，从而通过增加企业管理成本来减少信息、知识的流动以及企业的灵活性，在合作的过程中既可以稳定企业间交易关系，降低交易费用，还可以抑制交易过度内部化，导致管理成本的上升。其他的学者则从技术联盟角度出发，分析了技术型企业间形成联盟的动机，得出企业间合作有必要结合交易成本理论和资源依赖理论。

学者们除了在理论层面进行企业间合作研究外，还结合具体产业、具体行业等对企业合作进行了研究，其中有学者以企业间、以企业与高等院校或与研究机构之间的联合创新行为为研究对象，可以将创新型企业合作动机分为三个方面：第一是与研发相关的合作动机。二是与技术获取和技术学习有关的合作动机。三是与市场准入有关的合作动机。他们相信通过合作，公司可以实现组织之间的资源共享，创造协同效应并最大限度地降低交易成本。最重要的是合作可以降低重复研究和重复投资。除了从资源共享、提高企业竞争力、降低交易成本等合作的动机外，有学者在分析江苏省南通市企业合作时，还发现政策因素也是企业间合作的重要动因（贾若祥、刘毅，2004）。政府往往会为了促进企业合作，使企业之间形成资源组合、优势互补，会制定一系列鼓励政策，企业为获取优势政策支持，会积极地与其他企业开展合作。通过对不同的关于企业合作动机研究的文献梳理，可以初步得出，获取异质资源是企业间进行合作的主要动机。

3. 企业合作伙伴

关于企业合作伙伴的研究，学者们多从企业合作伙伴的选择等角度对企业合作伙伴进行分析，其中学者李柏洲等（2008）认为，合作伙伴的选择须基于双方之间的互信，通过合作伙伴之间的协作互信来对合作创新的最终成果进行影响。因此，科学合理地选择合作创新伙伴是提升制造业企业创新能力，促进制造业持续快速发展的重要保障。在构建企业合作创新伙伴选择评价指标体系基础上，一致性的组合评价方法在企业合作创新合作伙伴评价中的应用（李柏洲等，2018），其余学者则从企业异质性视角，探究企业跨域合作创新的形成机制（殷存毅、婧玥，2019），有研究表明，现如今正式"制度邻近性"是国有企业建立跨域合作创新的重要途径，其依赖非正式"制度邻近性"的偏好最弱，但民营企业不同于国企，仍然体现"地理邻近性"特征，同时表现为最强的"合作经验"特征。这说明，一方面，民营企业更倾向于通过选择"地理邻近性"伙伴，降低企业搜集信息的成本、更好的监督合作伙伴等等。另一方面，民营企业一旦确定合作伙伴，建立了合作双方的信任关系，更倾向于与该伙伴重复合作，更依赖非正式"制度邻近性"中的"合作经验"途径。除此之外，有研究表明，外资企业不仅依然依赖"地理邻近性"，同时在"制度邻近性"的依赖上也有比较明显的体现，通过"有关系"和"门当户对"途径形成合作创新的意愿最强，因此外资企业寻找合作伙伴的途径更加多样活跃，市场导向性更强（殷存毅、刘婧玥，2009）。通过对文献的梳理与分析，得出了如何打破合作创新所有制的局限，为未来企业合作创新，合作伙伴选择方面带来一些创新政策的启示。

（四）国内外研究述评

虽然理论界对京津冀的协同管理和企业合作研究取得了一些成果，但通过大量的文献检索我们可以对其进行归纳。国内外关于企业合作的研究主要集中反映出两个方面的问题，一方面，企业合作研究尚未建立既定系统的理论体系，另一方面，大多数研究主要局限于定性研究。由于定量研究很少有涉及，研究结果却反客观性，主观性意愿强烈，且实证性和科学性方面就势必有所欠缺，因此很难在研究中取得实质性的进展和突破，很难将结果形成共享的系统知识。根据社会科学研究的特点，有必要加强企业生态文明建设合作研究中的实证研究，客观地验证主观推理的结果，使研究结果更加科学。本研究涉及的京津冀地区的协同管理和企业合作的概念基本上存在同样的问题，理论研究的范围集中、未形成发散客观的研究视角，因此，对于本书的后续研究形成一定的局限性，特别是，本书主要研究了京津冀地区企业在生态文明背景下合作意愿的影响因素，缺乏相关资源，有必要从其他相关领域扩展，因此本研究的最终结论具有一定的跨学科意义。

二、京津冀企业生态文明建设合作意愿理论模型

（一）理论基础

1.协同创新理论

协同创新来自"协同学"，可以分为内部和外部协同创新两种形式。企业内部协同创新指企业的各个子企业和企业内部各个职能部门，它们之间为了实现依赖于企业战略、企业制度和技术相互作用、协作而采取的协同创新模式；企业外部协同创新则指企业与科研机构、学校、企业等开展协同创新活动，如区域协同创新、产学研协同创新、政府、产业、学校协同创新、产业协同创新等等。相比与传统模式的协同创新，企业生态文明建设的协同创新虽然有其特征，但仍旧遵循协同创新理论的基本原理，强调创新资源和要素的有效衔接，突破创新主体之间的障碍，充分释放双方拥有的"人才、资本、信息、技术"等创新要素的活力，从而实现深层次的合作。

2.区域协同理论

赫尔曼·哈肯（2005），协同理论的创始人，将协同作用定义为各个组成部分之间合作的集体或整体效应。协同理论认为系统由大量子系统组成，各子系统又由复杂的要素组成，子系统的协同性是产生有序结构的直接原因，协同作用理论基于自组织原理（系统缺乏外部能量流、信息流和物质流注入，系统内各子系统间都会根据某种规则自动形成一定的结构或功能，具有内在性和自生性特点。当外部条件发生变化时，系统将积极适应这种变化，引发子系统之间的新协同作用。从而形成一个新的时间，空间或功能有序结构）作为核心，根据一定的规则强调系统的内部子系统，自动形成的结构与功能（王得新，2016）。通过以上内容可以说明，京津冀地区若没国家相关规划布局，其发展思维依旧存在于过去，无法打破，京津冀的协同发展体现了国家的重视对京津冀地区的可持续发展发挥了至关重要的作用。

区域协同可导致区域实现整体效应最大化，即1+1+1>3的效果。任何复杂的系统，当受到来自外部的能量或环境变化时，会导致物质的集聚状态达到顶峰，既临界值，换句话说就是当数量变化到质变的关键点的时候，子系统积极产生协同作用，从而来适应新的能量的变化和环境变化，如京津冀地区雾霾严

重，引起了国内乃至全世界范围的高度关注，事件达到了人们认为该解决的时候，北京、天津和河北各级政府，部门和企业将有意识地共同努力，自觉的协同起来，在这种协同作用下，使得系统发生质变产生协同效应，从而实现系统从无序变为有序，从不稳定结构转变为稳定结构。系统从无序逐渐变得有序，从不稳定结构逐渐过渡为稳定结构。

区域协同理论还包括役使原理，即在事物发生变化时存在一定的快速变量和慢变量，快变量很容易就能实现目标，但慢变量自身变化慢、所用时间长，从而得出事物的变化取决于慢变量，京津冀区域协同发展的过程中，生态是自然主导因素，属于慢变量，因此，京津冀协同发展能否达到目标最终取决于生态环境（慢变量）的改善。从《京津冀协同发展规划纲要》也能看出，在京津冀协同发展目标中，近期目标和中期目标都是强调北京如何控制人口和实现非首都功能疏解，在最终的目标中则强调了生态环境的整体质量指标。

京津冀区域北京和天津、天津与河北的产业相似度较高，但其中北京与河北之间相似系数较低，协作倾向较强，产业差异较大，多为资源消耗型企业（张贵，2014），京津冀协同发展应当加强环境保护与治理，培育新兴产业，重视京津冀增量利益共享机制建设（孙虎，2015）。注重现实性和学理性，将环境效应、经济效应、福利效应等同时纳入京津冀协同发展过程中，构建政府、企业、民众间的博弈模型。同时，要从区域协同治理的角度阐明协调发展的战略目标，促进京津冀一体化，解决系统架构、创新驱动、再造的三个基本问题，从而构建政府网络系统，市场网络系统和社会网络系统三个基本区域系统，完善政府、市场和社会的制度机制（丁梅等，2017）。

3. 计划行为理论

（1）计划行为理论的由来

学者费希宾（Fishbein）（1974）在 1963 年提出的菲什宾模型，也被称为多属性态度模型（Theory of Multiattribute Attitude），是计划行为理论的最早雏形，理性行为理论认为个体或行为的态度由态度和从众心理这两个要素组成，其数学模型如图 2-2：

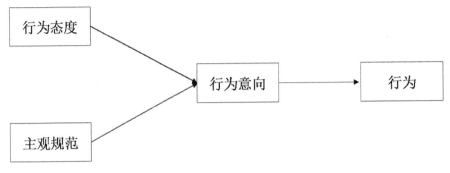

图 2-2 理性行为理论模型结构

由于理性行为理论具有在技能和能力不良、环境不佳的条件下，影响人们对自身行为与态度的控制力的局限，因此为了扩大理论应用范围，Ajzen（1991）教授在原来的基础上，增添了知觉行为控制这一新预测变量，由此计划行为理论产生，其理论模型如图 2-3：

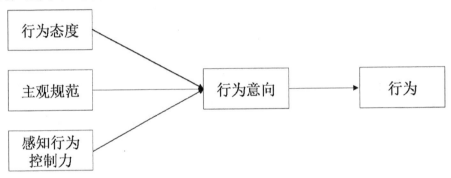

图 2-3 计划行为理论模型结构

（2）计划行为理论的要素

计划行为理论主要包括态度、主观规范、感知行为控制力、行为意向、行为这五个要素，其中态度指个人对特定行为的认知与评价；主观规范指个人在采取某项行为时对团队及个体的影响度；感知行为控制力指当个体拥有丰富的资源与机会时，行为期望的障碍越少，其感知控制力就越强；行为意向指个体对于特定任务或行为的主观判断；行为指最后采取措施的行为。

Ajzen（1991）教授提出的计划行为理论指出创业意愿主要从创业态度、感知行为控制力和主观规范三个方面进行研究。它是社会心理学中著名的态度行为关系理论，大量的国内外学者已经证实计划行为理论在研究企业行为意愿领域的可行性。

计划行为理论认为：生态文明建设合作意愿是个体评价企业生态文明建设行为的意向，是由其对企业行为自我评价的信念决定的；感知行为控制力是个体对执行生态文明行为的能力的感知；主观规范是个体对是否进行生态文明合作行为所感受到的社会压力。即生态文明意愿越积极、感知行为控制力越强，获得他人支持越大，生态文明意愿就越大，反之越小。计划行为理论在环境领域的应用研究表明，企业的态度与其行为意向正相关；在感知控制方面，社会要求、压力等因素和态度及主观规范因素一起影响个人的环境意图和行为（常跟应，2009）。

本书将通过计划行为理论，将生态文明态度、感知行为控制力和主观规范归纳为个体的个人特质因素、企业的期望需求，分别从负责人学历、年龄等特征，企业期望角度去研究企业的生态文明态度，从企业生态文明意愿、行为能力角度去研究个体的感知行为控制力，从其他企业、政府、学校等重要他人去研究组织的主观规范，即企业生态文明建设合作意愿。

（二）核心概念内涵

1. 企业合作

企业合作除了字面上的意思之外，还可延伸为企业协作、企业联合、企业战略联盟、企业购并等不同形式，但彼此在内涵外延与延伸上具有一定的差异性。其中，企业协作指除了企业自身之外，既包括开发商和下承包商为了能够及时、定量地生产高质量的产品，两者之间进行的互补行为，又包括竞争对手之间为了获取外部资源经济而采取的行为；也有学者认为企业联合与企业合作含义相同，均指企业在技术、人力、信息及其他资源上实现优势互补或在市场上的共享，合作形式包括并购、互购、合资等不同形式，其他学者从企业合并角度出发，Iur Christof（2002）认为企业合并后在法律与经济上均实现一体化，合并是其合作紧密结合的最好方式，他还指出企业合作是指独立的合法企业共同完成一项任务或项目的企业行为，它的范围既包括区域范围内企业的合作，也包括区域范围外企业之间的合作。当今最具代表性的企业间合作方式有企业合作网络、战略联盟、供需链管理、企业集团等，其中企业合作网络指企业通过网络这一媒介，通过组织间的活动关系与协调来完成资源集聚、分析、筛选、整合的过程；战略联盟又称战略联盟，是两个乃至多个企业之间为了达到战略目的，它的表现形式包括契约制度或股权关系，其主体对象内容广泛，既包括对手企业、生产商、供应商，也包括政府、院校、科研机构等。学者李新春（2000）认为企业战略联盟就是企业为了追求彼此利益最大化，对资源、技术、能力等方面进行的整合；供需链管理则体现为对整个供需链关系网链的各个方面进行管理的思想；企业集团指企业通过外部合作对企业内部产生影响，寻求企业联合体内部化的形式；业务外包则指集中企业内部的核心资源，把剩余的企业活动外包给其他专业性更好的企业进行处理的形式。基于以上研究，笔者将企业合作认定为不同企业之间、企业与政府、企业与高校、企业与科研机构之间通过对技术、人才、信息的整合，来实现共享利益的经营活动。

2. 合作意愿

在后工业化、全球化时代，人类社会为了"共生共存"从互助、协作再走向合作（张康之，2013）。虽然合作是当今世界普遍的主流行为，但学术界很少有对合作意愿的概念进行界定，其中，从全球性问题角度出发，薄燕（2013）认为合作意愿是指"行为体通过做出或者履行国际承诺以应对全球性问题的过程中，承担成本和获取收益的心愿和愿望"；从合作意愿对产学研创新成果转化的作用角度出发，林梅（2017）认为合作意愿是指协调创新各个主体积极参与的外部活动，并对合作伙伴的积极寻找，以及外部资源的相互共享，因此，各协同创新主体应主动提供资源、技术给对方，企业、高校、研究院共同开展协同创新就是合作意愿；从京津冀区域协同有效合作的角度出发，卢文超（2018）提出合作意愿是合作主体在一定制度背景下，基于认知共识、利益互惠和相互信任而投入资源，为共识性目标共同努力的意图和愿望。合作意愿的要素包括认知共识、利益互惠、彼此信任、制度安排等。除此之外，从竞争力角度出发，有学者提出博弈者之间的合作能否成功，主要取决于博弈者有无合理的行为原则。而通常情况下，群体成员在一次合作之后，由于实际收益低于进入群体前先验基准收益，该成员就会降低自己的合作意愿而部分地选择非合作战略，这势必减少群体收益和减弱群体的竞争力（Zhang P Z.，2002）。从合作意愿度角度，张朋柱和薛耀文（2005）提出了合作意愿度的概念，构建了群体合作演化的动态预测模型，认为合作意愿度是合作隶属度和非合作隶属度之差，合作的成功率取决于合作主体的合作意愿度。杨东升和张永安（2009）认为合作成功率取决于各个合作主体的合作意愿度。一般认为合作意愿影响因素包括合作认知、利益因素、信任因素和制度安排等因素。

学者范从林（2013）认为合作有两种基本的理念类型，一是合作双方自身均具有目标，通过协商妥协非命令式的方式来进行协同合作，并约定彼此需共同遵守的规则；二是合作双方通过第三方形成更大的组织并形成统一目标，遵循同等程度的行动规则。但是无论选择哪种合作形式，对组织而言，合作的实施都意味着妥协，意味着出让一部分目标和资源控制权，目标是为了实现不合作状态下难以达到的目标。基于以上研究成果，本书认为合作意愿指合作的想法或看法，"合作"指个体之间、群体之间、组织之间为达到共同的目的，相互之间配合协作的一种联合行动，即合作是一种行为。由于"意愿"是个体或者组织不断适应环境的心理动态意识，其是不断变化的，无法进行估量的，而行为可以进行估量，因此，在本书的论述中笔者将合作意愿归结为行为意愿的一种。"意愿"是建立在一定的目标与行为结果基础之上，从而产生的想要达到一定的目的，有意识的心理反应。结合计划行为理论与理性行为理论可知，意愿的产生在于动机、期望（需要）、偏好、意识形态、情感、规范、态度和感知控制等因素，其次还受到道德、风险等的影响，而这些因素又受到过去的经验、习惯和行为主体对未来的预期以及其所处的外部环境密切相关。因此，本书将合作意愿定义为在一定的制度背景下，基于共同目标、利益互惠等而投入技术、人力等资源，并通过协调创新各个主体积极参与从而实现资源共享、资源的合理配置。

（三）理论模型的构建

意愿属于心理学范畴，是指"对未来某种行为发生的估计"或"人们发生某种行为的主观概率"，是"行为发生过程的必然阶段，是行为效果显现前的决定"，"代表动机，是人们实施某种行为而有意识地付出努力"（陈敬科，2012）。有研究表明，合作意愿是一种相对稳定的意识倾向或行为取向，它主要指行为者有意识地倾向于与初衷和某些合作欲望和要求所控制的人合作。企业的合作意愿与企业对合作感兴趣是不同的，因为有些企业只是由于对企业合作有陌生感而对合作感兴趣，但未必真的会愿意进行企业间直接合作或通过高校以及科研机构等媒介来合作。基于以上思路，制定以下假设：由于意愿是一个无法直接观察的潜变量，所以需要观察变量来进行测量，在本书中，笔者将观察变量分为内部因素和外部因素两个方面，并根据提出的假设来构建本书的模型，本书的研究模型如下：

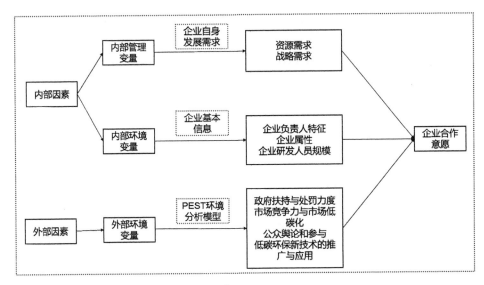

图 2-4 研究模型

三、京津冀企业生态文明建设合作意愿研究的实证分析

（一）研究设计

本书在进行问卷调查设计时结合大量国内文献和少量国外文献（目前有关京津冀企业生态文明建设和企业生态文明建设的研究依旧以国内居多），对导师提出的意见认真吸取，针对问卷的设计与调研访谈的内容与导师和同学反复进行讨论，最终形成适合本书的调查问卷。调查问卷紧紧围绕企业自身因素特征、企业合作影响因素特征来开展调查，主要调查内容有企业负责人年龄、受教育程度、企业收入、企业科研人员数量等，并在问卷结尾专门针对企业对企业合作间的影响因素的态度意愿进行了相关问题设计，从而通过企业这一合作主体来了解他们的合作感受。

1.基本设计思路

本书研究问卷的设计主要依据上述文献总结和研究模型，采用李克特七级量表。为了保证研究的严谨性和所搜集数据的科学有效性，本书问卷的设计经过一系列修改和完善的过程，在确定各题项表达上没有问题后，进入正式调研阶段，具体过程如下图所示

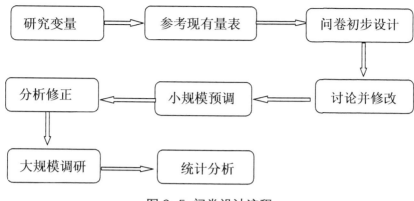

图 2-5 问卷设计流程

问卷围绕企业生态文明建设的意愿进行设计。从三个方面进行影响因素的分解，分别是企业基本信息、企业负责人基本信息、企业合作意愿。一份问卷能够调查的信息是非常有限的。因此每一部分用不超过 10 个客观题来测量客观行为，即因变量。

2. 问卷设计与变量测量

（1）问卷设计

①企业基本信息：企业基本信息主要指企业负责人基本信息、企业属性等有关内容

a. 企业负责人个人特征：主要指企业负责人的年龄、学历、性别等特征。

b. 企业性质：企业性质主要包括国有企业、集体企业、合资企业/中外合资企业、外商独资、私营企业、股份有限公司、有限责任公司、合伙企业、个人独资企业。

c. 主营业务类型：企业的主营业务主要分为四大类，即传统制造业、传统服务业、高科技制造业和高科技服务业。京津冀三地由于其各自的发展基础和条件，因此，北京属于典型的"知识型＋服务型"城市，企业围绕高端服务业、高新技术产业和文化创意产业等方面，天津属于"加工型＋服务型"城市，企业围绕现代制造业等方面，河北属于"资源型＋加工型＋服务型"城市，企业围绕采掘业、重工业、农副产品等，因此文章将京津冀地区的企业所在行业分为：采矿冶金业、加工制造业、石油化工业、纺织服装业；企业类型分为：劳动密集型、资本密集型、技术密集型、其他等；企业是否为高新技术企业。

d. 企业规模：主要指企业员工规模。

e. 企业收入：主要指企业最近三年内的平均销售收入。

f. 企业环保技术人员与研发人员：主要指企业拥有环保技术人员与研发分院分别占员工总数的比例。

问卷涉及的企业内部因素经过数据处理后主要是定性变量，定性变量包括定类变量和定序变量，各变量的变量类型和变量取值如表 2-2 所示：

表 2-2 企业属性各变量及取值

变量名称		变量类型	变量取值
企业性质		定类变量	国有企业 = "1"；集体企业 = "2"；合资企业 / 中外合资企业 = "3"；外商独资 = "4"、私营企业 = "5"；股份有限公司 = "6"；有限责任公司 = "7"；合伙企业 = "8"；个人独资企业 = "9"
主营业务类型	行业类型	定类变量	劳动密集型 = "1"；资本密集型 = "2"、技术密集型 = "3"；不清楚 = "4"；其他 = "5"
	企业类型		是高新技术产业 = "1"；不是高新技术产业 = "2"
企业员工规模		定序变量	5000 人以上 = "1"；2000—5000 人 = "2"；300—2000 人 = "3"；300 人以下 = "4"
企业负责人个人特征	性别	定类变量	男 = "1"；女 = "2"；
	年龄	定序变量	30 岁以上 = "1"；31—40 岁 = "2"；41—50 岁 = "3"；51 岁以上 = "4"
	学历	定类变量	高中（中专）及以下 = "1"；大学本科 = "2"；硕士研究生 = "3"；博士研究生 = "4"；海外留学归来人员 = "5"
企业收入		定序变量	1 亿人以上 = "1"；5000 万元—1 亿元 = "2"；3000 万元—5000 万元 = "3"；1000 万元—3000 万元 = "4"；500 万元—1000 万元 = "5"；300 万元—500 万元 = "6"；100 万元—300 万元 = "7"；100 万元以下 = "8"
科研人员占比	环保技术人员	定序变量	20% 以上 = "1"；10%—20%= "2"；5%—10%= "3"；5% 以下 = "4"
	研发人员	定序变量	30% 以上 = "1"；20%—30%= "2"；10%—20%= "3"；10% 以下 = "4"

②外部环境对企业生态文明建设合作影响因素的选取

外部环境对企业生态文明建设合作的影响，文中主要根据 PEST 模型，从经济、政治、技术、社会四个方面对企业生态文明建设合作影响因素进行了聚焦，其中经济主要围绕市场竞争力、市场低碳化来对外部经济进行说明，政治方面主要围绕政府扶持、惩罚力度，技术方面主要围绕低碳环保新技术的开发与推广现状，社会方面聚焦在公众参与、舆论方面。

（2）问卷测量

本问卷采用李克特 7 级量表的方式对两个方面的 6 个指标进行测量，问卷包括两个部分：一是企业基本情况，主要介绍企业负责人的性别、年龄、学历、企业性质、企业所属行业、企业收入、规模、企业类型等企业基本信息，并对企业是否为高新技术产业、技术研发人员占比进行了问题设计，二是企业生态文明建设合作意愿影响因素测量表，要求调查对象根据自身的实际情况进行 1—7 打分，其中 1 表示非常不同意，7 表示非常同意。如前所述，该部分所用量表均在已有成熟研究的基础上设计，量表具有较好的内容效度。

3. 问卷发放与数据收集

由于此次调研从属于导师调研项目内容，受各方面条件的限制，本书以京津冀地区的中小企业、国有企业等为对象，由导师带队，管理学院老师群体、研究生参与的调研小组，从 2016 年到 2018 年，利用课余及节假日时间，历时数月对京津冀地区的企业进行了实地走访调研，共发放问卷 300 份，收回问卷 280 份，其中有效问卷 252 份，并实地调研企业 30 多家，在调研的过程中采取访谈，一问一答的方式进行表格填写，并对调研问卷中企业不了解的地方进行了详细解释，问卷有效率达 90%，为本次研究提供了最真实最宝贵的第一手调查资料。

（二）理论依据与研究假设

企业合作意愿可以被定义为企业组织或成员间进行知识贡献和技术分享，资源共享的愿望，合作的前提是合作伙伴愿意保持合作关系或合作的倾向。也就是说，有合作倾向的人倾向于合作即具有合作倾向的个体更倾向于合作（杨东升、张永安，2009）。合作成员对合作关系的满意程度以及对合作关系的预期极大地影响并反映出企业生态文明建设的合作意愿。有学者在提出了合作意愿度概念，并构建了群体合作演化的动态预测模型，对选择合作与不合作的惯常做法做出了改进（张朋柱、薛耀文，2005），有一些研究发现，一个组织受到一系列内部和外部管理和环境因素的影响，这些因素反过来又通过影响组织资源的自给自足，外部促进程度和文化开放程度来影响组织的合作意愿（范从林，

2013；张振刚、李云健等，2016）。由于企业生态文明建设与企业生态文明建设合作影响因素当中存在一定的共性，因此本书基于企业生态文明建设影响因素对企业合作意愿的影响因素进行分析。一般而言，企业生态文明建设的实施意愿的影响因素分为企业内部与外部两方面因素，因此本书也将企业生态文明建设合作意愿的影响因素分为企业内部因素和外部因素。其中，企业内部因素包括企业规模（樊霞、吴进，2013）、研发投入（刁丽琳、朱桂龙、许治，2011）、企业社会责任、企业收入等；外部因素包括企业所处市场竞争力、政府监管与支持等。企业生态文明建设合作意愿兼具企业共性和自身特点，本书在梳理企业生态文明建设合作意愿影响因素的基础上，从企业内部、企业外部两个方面提炼符合企业特点的合作意愿影响因素。

1. 影响企业合作意愿的内部因素

本书企业维度介于研究企业基本情况与企业自身发展需求对企业合作意愿的影响，企业的基本情况分为企业负责人基本信息情况、企业所处行业、企业规模（企业最近三年的平均销售收入、贵企业现有的员工人数）、企业技术创新能力（企业是何种类型的企业、贵企业是否为政府认定的高新技术企业、企业研发人员占员工总数的比例）等信息，笔者将该部分作为次要影响因素，仅进行简单的描述性统计，主要研究企业自身发展需求对企业生态文明建设合作意愿的影响，书中将企业基于自身发展需求的企业合作意愿主要影响因素分为企业资源、企业战略这两个方面内容，其中企业资源指企业拥有的人才、技术等资源，企业战略界定为企业愿景、企业责任等方面。

本书根据模型提取企业基本信息中所有因素将其与企业生态文明建设合作意愿与行为做出相关性分析，看企业基本情况对企业生态文明建设合作意愿与行为是否会产生影响，因此建立以下假设：

H1：企业负责人的性别、年龄、学历对企业生态文明建设合作意愿有影响

H2：企业属性对企业生态文明建设合作意愿有影响

H3：企业研发人员规模对企业生态文明建设合作意愿有影响

（1）企业资源需求

企业的资源可以分为外部资源和内部资源。企业的内部资源分为：人力、物力、信息、技术等资源；外部资源则可分为：行业、市场、外部环境资源等。在此处，笔者将企业资源限定在企业内部资源方面，既企业拥有的人力、物力等方面，具体指企业对资源的需求，对在不同的社会经济阶段，对企业资

源的理解也不尽相同，现代有些学者认为，企业拥有人力、物力、财力等有形资产和无形资产的多少对企业进行合作越容易感兴趣，相反规模小、底子薄弱的企业则不太敢去尝试合作，有合作就会有风险。陈丹（2010）认为，企业受制于自身规模，建立合作关系的经验和资源相对薄弱；国外学者 FONTANA R，GEUNA A 等认为，企业面临的资源约束与合作意愿成正相关关系。关于企业资源维度方面，问卷设计下属五个问题，包括人力资源、技术创新等内容，为了研究方便，未展开假设，统一将其分配在企业资源下面。

人力资源的主、客统一体是"人力"，而"人才"作为企业人力资源中能力和素质最高的劳动者，企业的人才观念对于人才作用的发挥，企业生态文明的建设起着至关重要的作用（胡世明、林孟涛，2017）。当前国内外关于人力资源企业与生态文明建设之间关系的国内研究相对于国外研究较多，有学者从绿色人力资源角度出发，对人力资源管理可持续发展做出了研究，他们认为绿色人力资源与环境管理、企业可持续发展之间关系紧密，人力资源的绿色化涉及人力资源战略、培训管理、绩效管理等多个环节。有学者从经济发展角度出发，研究提出人力资源素质在生态环境和经济发展中起到重要的作用。关于人力资源在企业合作中的影响，目前国内外学者的研究主要集中在企业人才共享等方面，国外学者 Thibodeau 认为，作为技术密集型企业，企业能否真正实现人才少量化的投入来获得高的投入回报，是衡量一个企业创新绩效的标准，而在此当中企业人才共享便成为企业寻求合作的必然之路。由于在日常企业人才合作、共享的实践当中出现了一系列的问题，如企业信息泄露等，因此合作企业管理者逐渐寻求新的合作模式。王林雪（2012）、张京（2016）等学者更是从区域层面出发，从合作利益分配、主体知识认知等层面进行了深层次的研究，有关技术资源，此处不加以赘述，与外部技术环境重叠，因此只引出思爱普公司首席执行官孟鼎铭在 2018 中国发展高层论坛专题研讨会上提出了一种可能性，他表示："随着技术创新不断推进，一个企业以前的竞争对手，未来可能会变成合作者。"基于此，做出以下假设：

H4：企业资源需求对企业生态文明建设合作意愿有影响

（2）企业战略发展要求

企业战略是各种企业战略的集体术语，包括竞争战略和营销战略，同时还包括发展、技术开发、人才开发、资源开发等战略，企业的战略随着企业发展的需要也在随时更新，如企业信息化战略。虽然企业战略有很多种，但是其基本属性大致相同，既它们都是企业的谋略规划，在关于企业资源整合的战略规划中，从利益相关者的有关约束下，企业战略与企业社会责任息息相关，两者之间存在一定的必然联系，因此此部分笔者主要从企业战略发展规划或企业愿景、企业社会责任以及企业战略联盟合作角度出发，做出理论依据与假设。

首先是企业社会责任，在我国京津冀区域企业生态文明建设的背景下，京津冀企业若想在长期的市场竞争中获得发展优势，就需要调动企业内部员工的积极性，得到政府相应的政策扶持，为了得到政府扶持企业就必须履行相对应的社会责任，从而赢得社会口碑，其中履行环境责任便是其为了赢得社会公众信服的最佳选择方式之一，京津冀地区其中河北主要以资源型产业为主，对环境造成了不良影响，在公众心中形象有损，因此基于此企业必须履行其相应的环境责任，通过与北京市高新技术企业的生态文明建设合作，可为企业提供高新技术人才与技术，从而改善生产环境。其次，关于企业战略联盟，企业战略联盟可作为企业合作的某种具体方式，也可近似等同于合作，企业间生态文明建设的合作是企业自主选择的应变行为，既为了生存，有学者指出企业生态文明建设合作已然成为企业在最短时间内迅速占领市场和提升环保技术创新、资源整合、人才引进的最快提升方式。最后，还有学者研究发现，企业类型等客观因素对企业实施转型升级的意愿具有正向影响，其他因素对企业生态文明建设合作则呈现反向相关。由此基于以上研究，提出以下假设：

H5：企业战略发展要求对企业生态文明建设合作意愿有影响

2.影响企业合作的外部因素

本书主要从 PEST 环境分析模型出发，从政策、经济、社会、技术这四个方面来进行理论说明。

（1）经济：市场竞争力与市场低碳化

关于市场竞争文章主要从行业竞争程度来进行理论说明，有学者研究认为在参与市场竞争，获取市场竞争优势的过程中，企业投入资源的多少与竞争程度之间存在正向相关关系，从而可以了解到竞争可促进企业技术创新，竞争越激烈企业越愿意与其他企业或高校等进行合作，尤其在高新技术产业，市场竞争的作用越发显著，由于高新技术产业多为小微企业，其对市场变化持有高度的敏感态度，当行业竞争程度越大时，企业的危机感也就越强，激发企业参与合作，提高研发强度的积极性（孟东涛，2016）。企业合作为企业带来资源与知识，通过资源与知识的整合提高企业核心竞争力（徐凤霞、张忠静，2015），与此同时，行业竞争程度越高，企业间信息技术的交流也就越发频繁，通过合作，企业能够获取合作伙伴的关键技术信息，提高自身技术的不足，从而有研究证明，面对激烈的市场竞争环境，高新技术型企业参与企业合作的意愿会更加强烈，除此之外，有关企业生态文明建设方面，有学者指出我国京津冀地区资源型企业的市场竞争力与生态文明建设之间存在着显著的不协调性，要求市场竞争力与生态文明之间协调发展（许巍，2013）。

市场低碳化的发展主要以市场经济的机制和原则为基础来进行，发展低碳经济不能导致人民生活水平和生活状态的改变（姜宏，2016）。而企业是低碳技术、低碳产品创新的主体（姜宏，2016），市场低碳化对企业实现低碳化、可持续发展具有重要的意义，市场低碳化的推进也是企业实现生态文明建设的重要途径（张波、雍华中等，2014）。企业合作方面，吴洋、范如国（2015）运用演化博弈理论研究对资源型产业集群的低碳化合作进行了研究，黄彬、雷阳雄等（2016）的研究证明，在市场低碳化的前提下，企业对绿色合作伙伴的选择上会以成本最小化来进行。因此，基于以上研究，做出以下假设：

H6：外部市场竞争、低碳化对企业生态文明建设合作意愿有影响

（2）政策：政府扶持与处罚力度

有研究表明，政府的监管可以使企业生态文明建设的意愿更加强烈，政府政策和生态文明建设技术对实施意愿影响较为显著，国家政策的引导、激励，影响到企业生态文明建设的积极性、主动性（刘文芝等，2016）。而企业合作是企业间、企业与高校、企业与科研机构在各自不同利益基础上寻求共同发展、谋求共同利益的活动过程，但由于企业行业不同、定位以及在社会中充当的角色不同，高校与科研机构亦是如此，所以企业间合作、企业与高校合作、企业与科研机构合作的矛盾与风险不可避免，仅靠来自企业内部的力量来解决会有一定的难度，在此过程政府的监管与支持便显得尤为重要（熊翅新，2009）。政府在企业合作中起到"协调者"的作用，它同时还具有多种功能。政府影响企业合作的因素主要有：政策扶持（有形资金和间接扶持）、法律法规的制定。

政府政策对企业生态文明建设、企业合作意愿的影响主要集中于政府财税政策、政府处罚、扶持力度、创新平台建设等层面。首先，财税政策是政府针对企业研发、实现资源整合、优化配置的有效手段，针对企业合作政府提出了资金拨款、减免、优惠税收等手段，从而提升企业合作热情，政府资金的直接

扶持可降低一些中小企业的资金压力，间接资金扶持则可有效推动企业研发的成果转化，除此之外有学者研究表明政府扶持力度对企业进行生态文明建设具有一定的影响作用（盛晓娟、张波，2015）；其次，政府针对不同行业制定不同的处罚政策，对于资源型企业，碳排放超出国家标准的企业应适当加大惩罚力度（任丙强，2018）；然后，政府搭建创新平台，可为企业合作技术研发集聚资源，提供信息化服务（王春晖、李平，2012），分析、整合资源，促进合作研发环境的形成；最后，政府知识产权制度可对企业研发成果进行一定的保护，减少企业合作所带来的信息、技术风险，有研究表明政府知识产权制度对企业合作意愿具有显著相关。其次，政府可以通过税收、补贴、价格等各种调控手段来为企业合作提供良好的环境，但也有研究表明，政府税收优惠支持力度不够、优惠政策程序复杂，具体实施难等对企业参与生态文明建设合作影响最大（沈剑光、叶盛楠等，2018）。因此文章主要集中在政府税收政策、政府扶持、处罚力度对企业生态文明建设合作意愿的影响。基于此，提出以下假设：

H7：政府扶持、处罚力度对企业生态文明建设合作意愿有影响

（3）社会：公众舆论和参与

作为社会生活中最基本的成员，公民个人往往对环境保护和生态文明建设等社会问题最敏感（虞崇胜，2008）。而"公众舆论"又称"众意"，有学者认为它是多种舆论的复合体，主要包括阶级舆论、阶层舆论、团体舆论三个方面。"公众舆论"指处于不同阶级、阶层、社会团体对于某一社会公共问题所自发形成的一种群体认知。有学者认为，民主社会应由民意主导，公民意见的集聚能够达到一定的平等公开性，通过公众自我意见的主张说明，其需求是企业合作考虑的因素之一，除此之外，公众对生态文明建设的影响不仅在于舆论，还在于参与，其中有关公众参与研究起源于 20 世纪 60 年代，在 20 世纪 90 年代我国才开始对公众参与进入研究，我国有关公众参与生态文明建设的研究主要集中在环保、城市生态文明建设，对企业生态文明的建设无具体直接的研究，但是公众参与生态文明建设对企业生态文明建设对企业"倒逼"转型、低碳化生产起到至关重要的作用。研究表明公众参与企业生态文明建设是解决生态环境问题的重要力量，是企业积极采取的一项措施，公众参与企业生态文明建设可以为企业协调多方利益、整合企业认同意识等，从而为企业生态文明建设增加动力（姚震、陈军，2018），基于此，提出以下假设：

H8：公众舆论和参与对企业生态文明建设合作意愿有影响

（4）技术：低碳环保新技术的推广与应用

节能减排绿色低碳技术主要以绿色环保为原则。采用低碳技术，对企业生产过程当中的各个环节产生的碳排放量进行改善，从而实现企业节约资源、保护环节的目标（杨煜舟，2017）。低碳企业生产目标，是推动企业实现可持续发展的重要影响因素之一。随着信息化技术、"互联网+"的发展，信息技术条件下的企业生态文明建设，要求我们不再将企业生态文明建设的要素局限于传统的方式方法，而是更多地给生态文明建设增添信息化技术的特色，将互联网这一工具的巨大优势和特性渗透进企业生态文明建设的方方面面（陈尧嘉，2018），本书研究技术对企业合作意愿的影响主要体现在新技术的应用推广状态或节能减排绿色低碳技术的应用情况。有学者提出，在以技术创新推动企业绿色发展的过程中，要抓住绿色低碳技术的研发（内部）、应用与推广（外部），低碳技术的推广情况表现在企业绿色转型所处的动态竞争情况，通过技术合作，可使成果得到转化乃至升级的程度，在国际合作交流、跨国企业合作交流大背景下，地区间的合作也逐渐为企业低碳技术的研发起到了促进与完善的作用。因此，企业必须抓住全球绿色合作和低碳技术交流的关键（刘娟，2017）。京津冀地区的高新技术企业主要集中在北京，通过京津冀区域企业的合作，可加快信息整合、促进产业机构转型，因此研究技术对企业合作意愿的研究对企业生态文明建设具有一定的现实意义，除此之外，有研究表明国有企业较中小企业具有更强的合作意愿（闫莹等，2012）。基于此，做出以下假设：

H9：节能减排绿色低碳新技术的运用对企业生态文明建设合作意愿有影响

四、京津冀企业生态文明建设合作意愿数据分析

企业合作意愿影响因素主要分为企业内部影响因素与企业外部影响因素，其中企业内部因素分为企业基本情况对企业合作意愿的影响和企业自身发展需求对企业合作意愿的影响，其中企业基本情况对企业合作意愿的影响笔者作为次要影响因素，只进行简单描述性统计；企业自身发展需求对企业合作意愿的影响，划分为资源和战略两个方面。企业外部影响因素是基于PEST外部理论模型来分析企业合作意愿，划分为政府扶持与处罚力度；外部市场竞争、外部市场低碳化；公众参与、舆论；节能减排绿色低碳新技术的运用与推广四个方面。

（一）样本企业基本信息描述性分析

企业角度笔者从企业基本情况与企业自身发展需求两个方面探讨影响企业生态文明建设合作意愿的因素，研究企业自身发展需求的因素，企业基本信息为次要因素，因此本书只对这部分进行一下简单的描述性统计，其中样本共计252份有效数据。

1. 企业负责人基本信息

（1）企业负责人性别

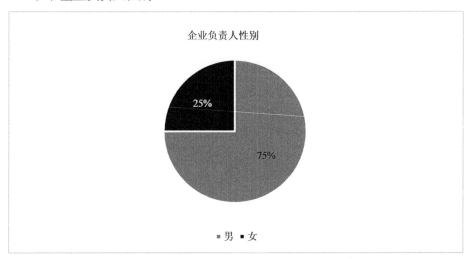

图 2-6 企业负责人性别分布情况

如图 2-6 所示，企业负责人性别主要以男士为主，占总体样本的 75%，符合现代企业领导主要群体的性别。

（2）企业负责人年龄

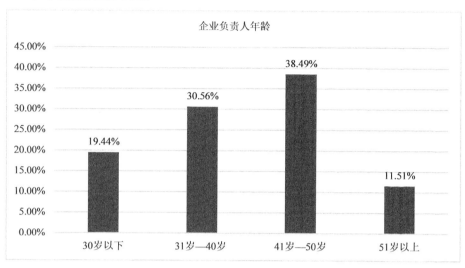

图 2-7　企业负责人年龄分布情况

如图 2-7 所示，企业负责人年龄主要集中在 31 岁—40 岁和 41 岁—50 岁，整体表现为企业负责人均较为年轻，符合企业领导群体的年龄段。

（3）企业负责人学历

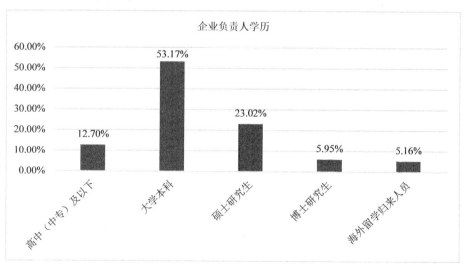

图 2-8　企业负责人学历分布情况

如图 2-8 所示，企业负责人的学历主要集中在大学本科和硕士研究生这两个部分，两部分的总和占到整个样本的 76% 左右。博士和海外留学的人员分别占据了 5.95% 和 5.16%，其中海外留学归来人员当中也有本科、博士等研究生，交叉信息较多，但笔者对其进行了适当剔除。

2.企业属性相关情况

（1）企业性质

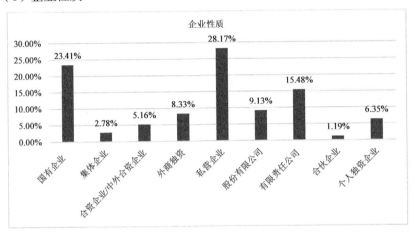

图 2-9 企业性质分布情况

如图2-9所示，企业性质方面调查主要集中在国有企业、私营企业两种，占整个样本数量的51%左右，其中，国有企业占整个样本数量的23.41%；私营企业占整个样本数量的28.17%；有限责任公司占整个样本数量的15.48%；股份有限公司的数量整个样本数量的9.13%；其他企业性质大约占到整体样本的20%左右。

（2）企业所在行业情况

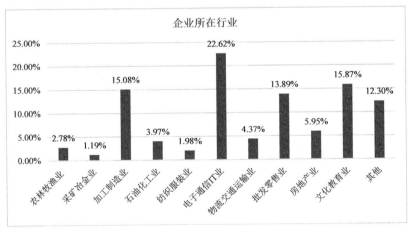

图 2-10 企业所在行业分布情况

如图 2-10 所示，企业所在行业主要集中在加工制造、电子通信 IT、文化教育这三个领域，三者加起来占总样本数量的 52%。其中加工制造业的数量占到了整体样本容量的 15.08%；电子通信 IT 行业的数量占到了整体样本容量的 22.62%；文化教育业的数量占到了整体样本容量的 15.87%，除此之外还涉及了批发零售、石油化工等行业，说明样本所选企业覆盖面广泛，科学合理。

（3）企业类型

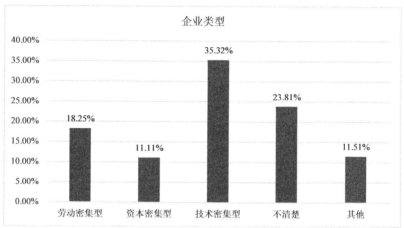

图 2-11　企业所属类型分布情况

如图 2-11 所示，企业类型集中在技术密集型、劳动密集型这三个方面，三者加起来占总样本的 77.38%。

（4）员工人数

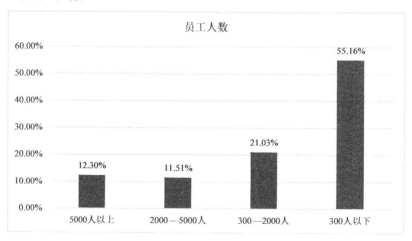

图 2-12　企业员工人数分布情况

如图 2-12 所示，员工人数集中在 300 人以下的企业居多，占总样本的 55.16%，其中员工人数在 5000 人以上的企业占总样本的 12.30%，员工人数在 2000 人—5000 人的企业占总样本的 11.51%，员工人数在 300 人—2000 人的企业占总样本的 21.03%。

（5）企业近三年的平均收入情况

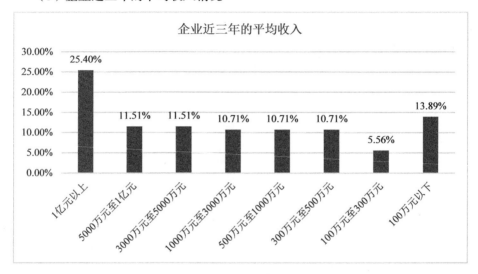

图 2-13 企业近三年平均收入分布情况

如图 2-13 所示，企业近三年的平均收入主要集中在 1 亿元以上，该部分占整体样本数量的 25.40%，其中企业近三年平均收入在 5000 万元至 1 亿元、3000 万元至 5000 万元的企业分别占样本总量的 11.51%，企业近三年收入在 1000 万元至 3000 万元、500 万元至 1000 万元、300 万元至 500 万元的企业分别占样本总量的 10.71%。

（6）高新企业比例

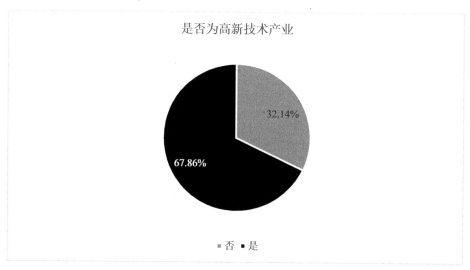

是否为高新技术产业

32.14%

67.86%

■否 ■是

图 2-14　企业是否为高新企业分布情况

如图 2-14 所示，调查的企业中高新企业占到整个样本的 67.86%，说明样本的选取符合课题研究方向，比较科学合理。

3. 企业研发人员占比情况

调查的企业中研发人员占员工总数的占比主要集中在 10% 以下，如图 2-14 所示，研发人员占员工总数比例在 30% 以上的企业占整个样本的 15.08%；研发人员占员工总数比例在 20%—30% 之间的企业占整个样本的 17.86%；研发人员占员工总数比例在 10%—20% 之间企业占整个样本的 21.83%；研发人员占员工总数比例在 10% 以下的企业占整个样本的 45.24%，说明当前我国大多数企业对研发的重视程度仍需加强。

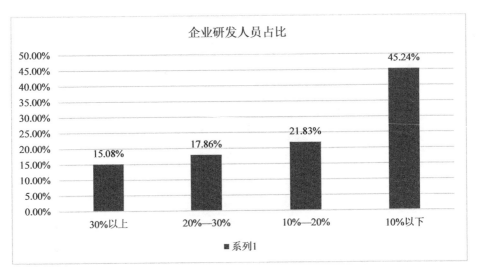

图 2-15 企业研发人员占比分布情况

（二）量表的信度和效度分析

1. 信度分析

信度检验是用来测量一种评价体系的稳定性与可靠性的统计分析方法，本书所采用的李克特量表是为一种评价体系，故可用信度分析量表的可靠性。目前，国内外学者多采用 Cronbach's α 系数作为测量量表数据可靠性的指标。一般认为 Cronbach's α 系数大于 0.9 表明量表具有很高的信度。Cronbach's α 系数在 0.8 到 0.9 之间表明量表信度较高。Cronbach's α 系数在 0.7 到 0.8 之间表明量表仍具有参考价值。此外，学者们还会采用修正后的项总计相关系数来测量内部一致性，一般认为修正后的项总计相关系数大于 0.4 表示内部一致性良好。由表 2-3 可知，本书量表所涉及的各测量指标的 Cronbach's α 系数均大于 0.7，表明各测量指标的信度较高，整体量表的 Cronbach's α 系数为 0.809，大于 0.8，表明整个量表的可靠性较高，且各题项的修正后的项总计相关系数绝大部分大于 0.6，个别题项在 0.5 和 0.6 之间，大于 0.4，表明量表内部一致性良好，综上，收集的数据通过了信度检验。

表 2-3 量表的信度检验

变量	Cronbach's α	题项	修正后的项总计相关系数	变量	Cronbach's α	题项	修正后的项总计相关系数
资源	0.76	ZY1	0.741	社会	0.871	SH1	0.826
		ZY2	0.72			SH2	0.846
		ZY3	0.644			SH3	0.847
		ZY4	0.648			SH4	0.84
		ZY5	0.801			SH5	0.859
战略	0.86	ZL1	0.812	政策	0.773	ZC1	0.763
		ZL2	0.807			ZC2	0.724
		ZL3	0.828			ZC3	0.67
		ZL4	0.836			ZC4	0.712
经济	0.834	JJ1	0.758	技术	0.753	JS1	0.715
		JJ2	0.78			JS2	0.657
		JJ3	0.77				
意愿	0.817	YY1	0.75				
		YY2	0.681				
		YY3	0.806				

2. 效度分析

效度是对测量工具的准确性程度进行测量的指标，它反映出来的是量表在测量相关变量时能否相对真实的测量变量的属性。效度的评价类型主要分为内容、准则、结构三方面效度，常用来分析它的方法主要包括单因素与总体相关效度分析，该方法可以测量内容效度；准则效度分析法，这种方法的应用受到的限制较多所以应用较少；因子分析法主要用来测量结构效度。结构效度分析是最重要的效度分析指标，是在理论的基础上通过实际数据验证理论逻辑正确性的一种效度分析，所以书中采用因子分析法分析量表的效度。

本书运用 SPSS22.0，采取探索性因子分析进一步探索量表的效度。采用因子分析方法的前提是各观测变量间存在明显相关性，故在进行因子分析之前要进行 KMO 和 Bartlett 球形检验，当 KMO 值靠近 1 表明适合做因子分析，相反，靠近 0 则不适合做因子分析，通常研究中对 KMO 的要求是 0.7—0.8 为满足因子分析要求，0.8—0.9 为适合因子分析，大于 0.9 为非常适合做因子分析。若 Bartlett 球形检验值为显著，即 Bartlett'sTest（巴特利球形检验）须在 0.01 之下，则表明相关系数矩阵为单位矩阵的原假设不成立，应该拒绝假设，表明题项间具有一定的相关性。本研究的 KMO 和 Bartlett 球形检验结果见表 2-4。

表 2-4 量表的效度检验

变量	因子载荷	累计方差解释量（%）	KMO 值	Bartlett 球体检验的显著性概率
资源	0.534—0.874	52.63	0.753	0.000
战略	0.815—0.862	70.452	0.826	0.000
经济	0.859—0.874	75.163	0.725	0.000
社会	0.767—0.866	67.117	0.853	0.000
政策	0.693—0.840	59.849	0.769	0.000
技术	0.910—0.910	82.802	0.745	0.000
意愿	0.818—0.892	73.296	0.794	0.000

由表 2-4 可知，量表的 KMO 值均大于 0.7，表明非常适合做因子分析，且 Bartlett 球形检验显著性为 0.000，显著性较高，表明量表各题项间存在相关性较高的题项。在进行因子分析时，采用主成分分析法提取公因子，由表 2-4 可知，各题项的因子载荷集中在 0.5—0.9，大于 0.5 的最低要求。累计方差解释量均在 70% 以上，远大于 40% 的一般要求，故认为样本数据通过了 KMO 和 Bartlett 球形检验，具有良好的效度。

（三）企业生态文明建设合作意愿的影响因素分析

有关企业生态文明建设合作意愿的影响因素分析，该部分共涉及内部因素与外部因素两个方面，其中内部因素分为企业基本情况和企业自身发展需求两个方面，外部因素则集中在政府、市场、公众和技术四个方面。由于企业基本信息涉及方面较多，因此笔者将分为三部分对企业基本信息与企业生态文明建设意愿做分析，由此所有分析如下。

1. 企业基本情况与企业生态文明建设合作意愿的相关性分析

为检验两两变量之间是否有相关关系，本书运用 SPSS22.0 对量表各变量进

行两两相关分析，采用 Pearson 相关的方法对数据进行相关检验。结果如下表
2-5 所示，由分析结果可知，在 0.01 的水平上，各变量之间的相关系数均显著，
且均为中度相关。企业基本情况（性别、年龄、学历等）与资源、战略、技术、
社会、公众、政策之间均显著相关，这一结果为下文进一步分析提供了基础保
障，由于下节将对相关性进行详细说明，因此该处图形省略。

（1）企业负责人性别、年龄、学历与企业生态文明建设合作意愿的相关性
分析

采用相关性分析的方法对企业负责人性别、年龄和学历与企业生态文明建
设合作意愿进行分析，结果如表 2-5 所示，通过观察可知，企业负责人性别与
意愿之间的皮尔森（Pearson）相关系数为 0.019，表示企业负责人性别与企业生
态文明建设合作意愿之间存在不完全相关且正相关，且两者之间不相关的双侧
显著性值为 0.770>0.01，表示在 0.01 的显著性水平上否定了两者之间相关的假
设，因此企业负责人性别与企业生态文明建设合作意愿之间不存在相关性，同
理，企业负责人的年龄与学历同样与企业生态文明建设合作意愿之间不存在相
关性，既企业负责人基本信息情况与企业生态文明建设意愿没有关系，由此可
以得出假设 H1 不成立。

表 2-5 企业负责人性别、年龄、学历与生态文明建设合作意愿的相关性分析

		aveYY	性别	年龄	学历
aveYY	皮尔森 (Pearson) 相关	1	.019	-.036	-.028
	显著性（双侧）		.770	.567	.657
性别	皮尔森 (Pearson) 相关	.019	1	-.266**	.051**
	显著性（双侧）	.770		.000	.421**
年龄	皮尔森 (Pearson) 相关	-.036	-.266**	1	.097**
	显著性（双侧）	.567	.000		.125**
学历	皮尔森 (Pearson) 相关	-.028	.051**	.097**	1
	显著性（双侧）	.657	.421**	.125**	

注：** 在置信度（双侧）为 0.01 时，相关性是显著的

（2）企业属性与企业生态文明建设合作意愿的相关性分析
采用相关性分析的方法对企业性质、所处行业、企业类型、收入、规

模与企业生态文明建设合作意愿进行分析，结果如表 2-6 所示，通过观察可知，企业性质与企业生态文明建设合作意愿之间的皮尔森（Pearson）相关系数为 -0.031，表示企业性质与企业生态文明建设合作意愿之间存在不完全相关且负相关，且两者之间不相关的双侧显著性值为 0.624>0.01，表示在 0.01 的显著性水平上否定了两者之间相关的假设，因此企业性质与企业生态文明建设合作意愿之间不存在相关性，同理，企业所处行业、企业类型、企业收入、企业规模与企业生态文明建设合作意愿之间不存在相关性，既企业性质、企业所处行业、企业类型、企业收入、企业规模与企业生态文明建设意愿没有关系，由此可以得出假设 H2 不成立。

表 2-6 企业性质、所处行业等企业生态文明建设合作意愿的相关性分析

		aveYY	性质	行业	类型	收入	人数
aveYY	皮尔森 (Pearson) 相关	1	-.031	-.011	-.021	.001	-.051
	显著性（双侧）		.624	.867	.740	.992	.424
性质	皮尔森 (Pearson) 相关	-.031	1	.084	-.026	.254**	.292**
	显著性（双侧）	.624		.184	.685	.000	.000
行业	皮尔森 (Pearson) 相关	-.011	.084	1	.261**	.108	.098
	显著性（双侧）	.867	.184		.000	.087	.122
类型	皮尔森 (Pearson) 相关	-.021	-.026	.261**	1	.078	.128*
	显著性（双侧）	.740	.685	.000		.219	.042
收入	皮尔森 (Pearson) 相关	.001	.254**	.108	.078	1	.585**
	显著性（双侧）	.992	.000	.087	.219		.000
人数	皮尔森 (Pearson) 相关	-.051	.292**	.098	.128*	.585**	1
	显著性（双侧）	.424	.000	.122	.042	.000	

注：** 在置信度（双侧）为 0.01 时，相关性是显著的

　　* 在置信度（双侧）为 0.05 时，相关性是显著的

（3）企业研发人员规模与企业生态文明建设合作意愿的相关性分析

采用相关性分析的方法对企业是否为高新技术企业、研发人员占比与企业生态文明建设合作意愿进行分析，结果如表 2-7 所示，通过观察可知，企业是否为高新技术企业与意愿之间的皮尔森（Pearson）相关系数为 -0.012，表示企业是否为高新技术企业与企业生态文明建设合作意愿之间存在不完全相关且负相关，且两者之间不相关的双侧显著性值为 0.846>0.01，表示在 0.01 的显著性水平上否定了两者之间相关的假设，因此企业是否为高新技术企业与企业生态文明建设合作意愿之间不存在相关性，同理，企业研发人员占比同样与企业生态文明建设合作意愿之间不存在相关性，既企业是否为高新技术企业、研发人员占比与企业生态文明建设意愿没有关系，由此可以得出假设 H3 不成立。

表 2-7 企业研发人员占比与企业生态文明建设合作意愿的相关性分析

		aveYY	是否高新技术产业	研发
aveYY	皮尔森 (Pearson) 相关	1	-0.012	-0.002
	显著性（双侧）		0.846	0.976
是否高新技术产业	皮尔森 (Pearson) 相关	-0.012	1	.369**
	显著性（双侧）	0.846		0
研发	皮尔森 (Pearson) 相关	-0.002	.369**	1
	显著性（双侧）	0.976	0	

注：** 在置信度（双侧）为 0.01 时，相关性是显著的

上一节的分析结果证实了各变量之间存在显著的正相关关系，为进一步验证内外部因素（内：企业自身发展需求、外：政府扶持、处罚力度；公众舆论、参与；节能减排绿色低碳新技术的应用与推广；外部市场竞争、低碳化）对企业合作意愿的影响，本书采用多元回归方法，从内部因素和外部因素两个角度对企业合作意愿交叉进行多元回归。以 F 统计量概率值大小作为自变量是否引入模型的依据，一般认为 F 统计量概率值小于 0.05 时应引入模型，大 0.1 时剔除。以 0.05 的显著性水平对回归方程进行 F 检验，其显著性概率在 0.05 以下可通过 F 检验，决定系数 R^2 对回归方程的拟合度进行检验，从 0 到 1 取值越大说明对样本的拟合效果越好。在显著性水平为 0.05 的情况下，对进入回归的自变量进行 t 检验，其显著性概率在 0.05 以下可通过检验。在多元回归分析中需进

行容差和方差扩大因子（VIF）法进行共线性检验，一般认为容差小于 0.1 时，VIF 大于 10 时存在严重多重共线性，具体分析过程如下。

2. 企业自身发展需求与企业合作意愿的回归分析

该部分将企业自身发展需求的两个主成分：企业资源需求、战略需求进行了取均值，集中在一起进行了分析，采用多元回归方法对企业自身发展需求和企业合作意愿的三个主成分的回归分析如下表所示，

表 2-8 模型摘要 1

模型	R	R2	调整后 R2	标准估算的误差	更改统计量				
					R2 变化	F 更改	df1	df2	显著性 F 更改
1	.539ª	0.291	0.285	0.76912	0.291	51.003	2	249	0

a 预测变量：（常量），aveZL，aveZY

表 2-9 方差分析表 1（ANOVA）

模型		平方和	自由度	均方	F	显著性
1	回归	60.341	2	30.17.27	51.003	.000ᵇ
	残差	147.294	249	0.592		
	总计	207.635	251			

a 因变量：aveYY

b 预测变量：（常量），aveZL，aveZY

表 2-10 回归系数与显著性系数表 1

模型 B		非标准化系数		标准系数	T	显著性容差	共线性统计	
		标准错误	Beta				VIF	
1	（常量）	2.534	0.648		3.909	0		
	aveZY	0.078	0.096	0.044	0.813	0.417	0.989	1.011
	aveZL	0.466	0.047	0.533	9.926	0	0.989	1.011

a 因变量：aveYY

由表 2-8 可知，企业自身发展资源需求、战略发展需求当中，只有战略进入了回归方程，且调整后的且调整后的 R^2 为 0.285，说明企业基于自身发展的战略需求因素可以解释企业合作意愿的 28.5%，表 2-9 中，F=51.003，P=0.000<0.05，表明通过 F 检验，假设 H5 得到支持。由表 2-10 中 t 检验结果可知，资源的显著性为 0.417，不小于 0.05，战略的显著性小于 0.05，两者容差均大于 0.1，VIF 均小于 10，说明模型中自变量间不存在多重共线性。根据回归系数及显著性分析可知，企业战略需求，规划对于企业合作意愿有一定的影响，资源需求则对企业合作意愿无明显影响。

3. 外部因素与企业合作意愿的回归分析

采用多元回归方法对企业合作意愿影响的外部因素和企业合作意愿进行分析，结果如下图所示，

表 2-11　模型摘要 2

模型	R	R^2	调整后 R^2	标准估算误差	更改统计量				
					R^2 变化	F 更改	df1	df2	显著性 F 更改
1	.760ᵃ	0.577	0.57	0.59607	0.577	84.348	4	247	0

a 预测变量：（常量），aveJS，aveZC，aveSH，aveJJ

表 2-12　方差分析表 2（ANOVA）

模型		平方和	自由度	均方	F	显著性
1	回归	119.875	4	29.969	84.348	.000ᵇ
	残差	87.76	247	0.355		
	总计	207.635	251			

a 因变量：aveYY

b 预测变量：（常量），aveJS，aveZC，aveSH，aveJJ

表 2-13 回归系数与显著性系数表 2

模型 B		非标准化系数		标准系数	t	显著性 容差	共线性统计	
		标准错误	Beta				VIF	
1	（常量）	1.518	0.374		4.057	0		
	aveJJ	0.272	0.053	0.294	5.169	0	0.53	1.886
	aveSH	0.142	0.035	0.195	4.092	0	0.751	1.332
	aveZC	-0.079	0.058	-0.057	-1.366	0.173	0.995	1.005
	aveJS	0.388	0.053	0.408	7.371	0	0.557	1.794

a 因变量：aveYY

外部影响因素依据 PEST 模型分为经济、社会、政策、技术，由表 2-11 可知，经济、社会、技术进入回归方程，且调整后的 R^2 为 0.57，说明政策因素可以解释企业合作意愿的 57%，表 2-12 中，F=84.348，P=0.000<0.05，表明通过 F 检验。假设 H7 得到支持。由表 2-13 中 t 检验结果可知，经济、社会、技术三个变量的显著性均小于 0.05，且容差均大于 0.1，VIF 均小于 10，但是政策变量的显著性大于 0.05，且容差小于 0.1，模型中自变量间不存在多重共线性。由回归系数可知，经济、社会、技术对于企业合作意愿有影响，假设 H6、H8、H9 得到支持，政策因素在 P<0.05 的显著性水平下企业合作意愿没有直接影响，假设 H7 未得到支持。外部影响因素中，经济因素对企业合作意愿的影响最大，其次是技术因素。

表 2-14 假设验证结果

研究假设	验证结果
H1：企业负责人的性别、年龄、学历对企业生态文明建设合作意愿有影响	不成立
H2：企业属性对企业生态文明建设合作意愿有影响	不成立
H3：企业研发人员规模对企业生态文明建设合作意愿有影响	不成立
H4：企业资源需求对企业生态文明建设合作意愿有影响	不成立
H5：企业战略发展要求对企业生态文明建设合作意愿有影响	成立

研究假设	验证结果
H6：外部市场竞争、低碳化对企业生态文明建设合作意愿有影响	成立
H7：政府扶持、处罚力度对企业生态文明建设合作意愿有影响	不成立
H8：公众舆论和参与对企业生态文明建设合作意愿有影响	成立
H9：节能减排绿色低碳新技术的运用对企业生态文明建设合作意愿有影响	成立

五、京津冀钢铁企业生态文明建设合作现状的案例分析

（一）某钢铁有限公司概况

某钢铁公司是国内第一个临海靠港的 1000 万吨级钢铁企业。作为具有国际先进水平的新一代钢铁厂，公司从原料场、焦化、烧结、炼铁、炼钢、热轧、冷轧到成品码头，紧密衔接，最大限度地缩短物流运距，流程紧凑。高炉到炼钢的运输距离只有 900 米，在大型钢铁厂中运距最短；炼钢到热轧实现了工艺零距离衔接；1580 毫米热轧到 1700 毫米冷轧只一路之隔。一期吨钢占地 0.9 平方米，达到国际先进水平。业内国际专家评价为："目前世界上大型钢铁企业最佳流程。"采用了 220 余项国内外先进技术，自主创新和集成创新达到了三分之二。自主研发高炉无料钟炉顶，打破国外的技术垄断；联合研发顶燃式热风炉，风温 1300℃，达世界最高水平，获得专利授权 271 项，软件著作权登记 23 项，科技奖励 56 项。获得国家优质工程金质奖 2 项、鲁班奖 3 项，获得省部级工程质量奖 20 项。2014 年，申报专利 83 项，获得专利授权 52 项。公司产品定位于高端精品板材，主要产品分为热轧、冷轧两大系列。目前，热轧产品已经达到 14 大类、26 个类别、153 个牌号，形成高强钢、管线钢、薄规格集装箱板为特色的热轧产品系列；冷轧产品 6 大类、18 个类别、145 个牌号，主要有镀锡板、汽车板、家电板、专用板四大类。

（二）企业生态文明建设现状

为落实政府供给侧改革对于国有钢铁企业限制产能的要求，淘汰落后产能，提高能源效率，循环利用资源。首先企业通过投资建设先进新的产能制造设备，对设备的能源效率提升进行了改造升级，设备的改造升级从根本上提升了公司

从事生态文明建设的能力，新型的 4000 以上的大高炉，新型轧机组，不但节能，也更加环保。该公司按照循环经济构建的全流程能源转换体系，实现了循环经济产业链，不仅带来环境效益，也降低了环境管理成本，提升了经济效益。

其次，重视工艺过程中尾气尾能以及其他资源的回收利用，充分回收生产过程中的焦炉煤气、转炉煤气、高炉煤气，用于加热炉等工序，富余煤气配给两台 300 MW 煤气—煤混烧发电机组发电，在满足自身内部利用的同时，通过煤气发酵制乙醇、焦油深加工等项目与其他周边企业互动，实现煤气高效利用。

再次，该公司在国内首次应用热法低温多效海水能源梯电—水的大循环，海水淡化与下游制盐产业形成产业链，海水淡化产生的浓盐水供给附近的唐山三友化工股份有限公司。"海水是用不了的，海水不能用于生产，因为海水的腐蚀性比较强"，所以必须对海水进行处理。"京唐有一个海水淡化项目，这个海水淡化供应 60% 新水供京唐使用，其余采用的是买的水，自产水占 60% 的新水即'工业新水'。企业负责人指出工业新水是工业用的水，跟日常饮用的水不一样。海水淡化可以减少对生活水的浪费和污染，这是生态文明建设的一部分。除了海水淡化外，该公司还有余热回收，向社会提供能源产品。回收生产过程中产生的余热资源，除满足企业自用外，还向周边企业供应，"高温煤气跟焦炉煤气可以用来加热炉加热，这些处理都可以，还可以供居民采暖，还有尾气回收，余热回收这一块。"

最后，钢铁厂产生高炉水渣、钢渣、粉煤灰、除尘灰、轧钢氧化铁皮等各类固体废弃物，通过加工循环利用，实现固体废弃物的资源化和再利用。实施电厂粉煤灰深加工项目，"比如粉煤灰，大量收集后进行冶炼，制成硅铝合金这种新原料"。

（三）企业生态文明建设合作意愿影响因素分析

1. 企业内部影响因素分析

在京津冀地区由中央下发的环境专项治理费用，通过多环节到达企业之后，企业缺乏自主使用权，不能自由支配，必须按照上面的要求进行支出，如果在规定的时间内未使用完，最终要收回，这种管理方式也就失去了环境治理费用应有的作用。

河北相关政府部门很重视环保问题，在对重点排放行业和企业都加强管控，当地设立的排放地方标准都要高于国家标准，政府为企业划定环保红线，并加强对重点区域的环保监控，设立多个监控设备并安排无人机昼夜飞行检查，表明政府的环保管控工作十分严格和负责。但企业反映环保规定和检查越来越严，却没有为企业提供的相应的服务，如人才引进问题、错峰运输导致的产品积压问题、限电问题等都没有得到解决。而且环保检查过于频繁，倾向于检查环保达标的大中型企业，一定程度上忽视了一些环保不达标的企业，频繁的检查使企业需要专人陪同和招待检查组，让企业生产受到影响。

政府在管理企业时，节能管理过于细节，除了总量目标的控制管理，还有细节的管理，对生产过程当中每一个环节都进行控制和管理。在很多方面干预到了企业运行的细节里，给企业造成了很大的负担。同时，政府过度重视形式，没有依据实际，最终也随着走马观花地检查而背离初衷。例如，政府要求做的审计报告，企业要投入资金让第三方处理，但是第三方却不如企业自身对企业了解得深入。政府过多通过纸面了解情况，却不能发现实际问题，政策也没有落到实处。

在节能减排效率管理上，政府主要以层层指标分解的方式进行。然而，落实到企业层面，指标式的能源效率管理难以与实际符合。企业能耗水平的变动受多种因素影响，既与当今的产能利用水平相关，也与原材料的价格波动等因素相关，因此，企业层面的能源效率应该是波动的，而线性下降目标对于企业而言是困难，强制执行只会徒增管理成本，并可能影响企业运行。碳排放实行指标管理后，碳交易的现实情况不乐观，难以直接转化为经济效益，而碳排放考核管理成本也是存在的。总体而言，企业自身对于企业生态文明建设无自主选择权，受政府决策影响较大。

2.企业外部影响因素分析

（1）经济：市场竞争力与市场低碳化

近两年，中国钢铁行业已累计化解过剩产能超 1.2 亿吨，1.4 亿吨"地条钢"产能被取缔。2015 年，我国针对部分行业实施限产能政策，力图缓解这些行业由于产业过剩带来的不景气状况，这个政策对于钢铁行业的国有企业影响较大。2018 年中国要继续化解粗钢产能 3000 万吨，这是"十三五"压减粗钢产能 1.5 亿吨上限目标的最后 20% 任务量，意味着钢铁去产能五年任务将在三年内提前完成。就钢铁大省河北而言，2018 年要压减退出钢铁产能 1200 万吨，2019 年压减退出 1400 万吨左右，2020 年压减退出 1400 万吨左右。到 2020 年底全省钢铁产能控制在 2 亿吨以内。2018 年上半年，河北就压减了炼钢产能 1053 万吨。环保限产力度也在持续升级，尤其是京津冀及周边地区"2+26"城市，部分钢厂限产高达 50% 以上。2018 年 7 月 20 日起唐山将开启为期 43 天减排攻坚战限产，武安钢企高炉限产量由二季度的 15%—20% 上升到三季度的 25%—35%。在极端天气情况下，尤其是秋冬季空气污染比较重的情况下，不论企业减排工作做得好与坏，一律一刀切的停产，有时停产时间较长，不仅给企业造成了经济损失，而且还增加了污染，因为钢铁企业有些设备虽然不生产产品，没有产量，但需要处于燃烧的状态，仍然会排放污染物。

国有钢铁企业是参与限产能政策的主力军。在钢铁行业不太景气时，对于钢铁企业影响不大，一旦市场反转，由于限产能政策缺乏灵活性，其他没有参与限产能的企业趁机扩大生产，对于积极参与限产能政策的国有企业的经济效益有较大的影响。国有钢铁企业吸纳大量的员工，一旦经济效益不好，这部分员工的失业风险就会增加。企业对于产能的把控与市场行情密切相关，而市场行情波动频繁，行政调控产能的政策缺乏足够的市场敏感性，灵活性不够，公司认为企业行为应该由市场决定。

政府供给侧改革对于国有钢铁企业有限制产能的要求，国有企业落实较好。但是这项政策没有限制住低效高能耗高排放的小规模企业的发展。在市场行情较好的时候，国有企业由于产能限制，很容易在市场竞争中处于被动，被动出让市场份额，影响经济效益。结果导致高效规模经济的国有企业受损，低效缺乏规模经济的小企业扩大了生产，与政策的环境保护目标相背。

（2）政治：政府扶持与处罚力度

钢铁企业的主要污染物主要是含硫化物，排放到空气中会对大气造成严重的污染，随着近年来国家对生态文明的重视，全国的企业都在积极响应国家号召，努力做到零排放，可是作为高能耗的重工业企业，产生大量的污染物无法避免，为了增强在同行业中的竞争力以及完成国家环保要求的目标，只能不断加大环保投入，购买各种环保设施，但在这个过程中会无形增加企业的成本负担，使得企业效益下降，对于一些小企业来说，无力承受只能停产。而国家在这方面也只是命令要求，拿指标来进行打压，却未对其进行相应的激励与扶持措施，对于达到减排目标的企业并没有分达标级别区别对待。一些减排做得好的企业在市场上也没有得到鼓励和认可，因此，企业的减排压力较大。

对于该公司来说，近年来，不断加大环保投入，治理大气污染资金的投入占总投资的 10%—15%，购置各种环保设备的费用也在逐年增加，已经超过了

2亿元。这些投资均来自企业自身，在前几年钢铁行业不景气的情况下，对于企业来说是个严峻的考验。国家在这方面，只是起引导作用，没有切实的环保投资奖励或者减免相关税收的政策，其次，从现阶段看，生态文明建设的投入与产出之间的经济效益并不成比例，在行业经济效益偏低的状况下，企业主动进行生态文明建设的动力不足。从而形成补贴少，企业经济压力大，减排动力不足的现象。

（3）技术：低碳环保新技术的推广与应用

无论设备改造升级减少污染物排放，还是技术创新提高产品性能，都需要在技术上突破，加强技术合作可以很好地突破技术难题。技术合作包括企业之间的合作，企业和政府、高校的合作。目前这些合作都是企业根据自己的需要在做，行业协会没有很好地把企业、高校和政府结合起来。该公司的负责人介绍过程中谈道：公司就是根据自己的需要在与相关企业如德龙钢铁公司进行交流或学习，或者寻找相关的高校进行技术合作，与政府的合作较少，从行业协会获得的技术支持也很少，一个企业的力量毕竟有限，可能会导致企业在前沿技术和行业整体发展趋势的把控方面缺乏系统性、全面性和整体性，间接地影响到企业的发展。

从节能减排角度，技术改造与设备升级是重要的渠道，加强与相关科研院校技术合作是迅速提高技术水平的有效方式，然而，实际情况并没有想象中容易，企业与相关研究部门的技术合作项目，真正转化为直接经济效益的少，从企业角度，更多的是提升企业自身形象的需要，因此，企业进行技术改进的投资动力不够。

（五）企业对政府政策的期望

生态文明的建设，不仅需要政策的执行得到落实，而且还需要政策能将利益和责任结合起来，既能达到企业的利益又能履行相应的责任。现在，大部分企业都很难认为生态文明建设是一件有利可图的事情，他们认为生态文明建设只是生产制造的附属品，只会增大成本，并不能为企业带来大的利益回报，所以企业驱之避之，所以即使政策从颁布和落实做得很好，企业执行层面仍达不到预期效果。只有把责任人的利益与责任合理有效地结合起来，才能达到真正有效的实行。生态文明建设，不仅要让企业必须执行，而且还要让他们乐于执行。

具体到生态文明建设，企业希望政府能够制定更合理的制度，让企业生态文明建设合作成为一件有利可图的事情，而不是纯粹的责任和义务。例如，加大对环保企业的资金政策扶持，调整产业结构和产品结构，用先进技术改造传统产业，为企业进行生态文明建设铺路，积极对经济效益好、治理效果显著且企业自筹资金落实到位的清洁生产项目给予奖励支持。进一步加大对企业节能环保产品的税收优惠和资金扶持，并把这些政策落到实处，树立绿色环保的社会风尚，引导绿色消费，使企业真正从生态文明建设中获得利益，政府和企业在生态文明建设上才能齐头并进。

研究小结与展望

（一）研究小结

本篇基于对北京、天津、河北三地的企业（以中小企业居多）进行实地调研访谈和问卷调查，从组织行为学理论角度构建企业生态文明建设合作意愿的影响因素模型，并通过大量的文献阅读和实证研究方法对其进行了验证，初步得出以下主要结论：

第一，企业基本信息，如企业负责人的年龄、性别、学历等与京津冀企业生态文明建设合作意愿之间不存在相关性，该结果说明企业基本情况对企业间进行生态文明建设合作没有影响。通过调查数据的分析以及对已有研究的对比分析得出，影响企业生态文明建设意愿的影响因素跟影响企业间生态文明建设合作意愿的影响因素结果不对等，企业生态文明建设意愿是"企业自身去做"，企业间生态文明建设合作意愿是"与他人进行合作意愿的强烈"，两者之间无必然联系。

第二，影响企业生态文明建设合作的因素主要包括两个方面，一是企业内部影响合作意愿，二是企业外部环境影响合作意愿。内部影响因素包括企业基本信息和企业基于自身发展需求所需的资源与战略影响两个方面，其中资源因素对企业生态文明建设合作意愿的影响不显著，战略因素对企业生态文明建设合作意愿显著。外部影响因素包括政府扶持与处罚力度；外部市场竞争、外部市场低碳化；公众参与、舆论；节能减排绿色低碳新技术的运用与推广这四个方面，其中政府扶持和处罚力度对企业合作意愿影响不显著，其他三个方面均表现出显著关系，说明战略需求、外部经济环境、公众舆论导向、新技术的研发与推广现状对企业参与生态文明建设合作有影响。

第三，外部因素对企业间进行生态文明建设合作的影响作用显著。企业战略需求、市场竞争程度、公众舆论和参与、新技术的运用与推广现状对企业间生态文明建设具有间接影响的作用，当企业自身合作能力不够或企业战略规划不明确时，企业只有靠外界因素来刺激和影响企业生态文明建设合作。

第四，政府的政策扶持与处罚力度对企业间生态文明建设合作影响不显著。通过调查数据的分析以及对已有研究的对比分析得出，在实践过程当中，政府的税收政策、资金支持、处罚力度在一定程度上可以刺激企业、激励企业进行生态文明建设合作，但是企业自身作为参与合作的实体，它的主观意愿取决于自身的发展需求，在一定程度上政府的政策扶持可以吸引企业对企业生态文明建设合作产生兴趣，但是否具体愿意参与合作，结果不可知，因此，是否参与企业生态文明建设合作依旧取决于企业自身的发展需求。此外，有研究证明政府的处罚力度在一定程度上也可刺激企业参与生态文明建设合作，但是负向因素的刺激往往会使得企业产生"被逼迫感"，容易使企业产生"逆反心理"，从而影响企业合作效果，因此，政府对企业间进行生态文明建设合作的参与需适中，参与但不主导，具体问题具体分析。

第五，企业资源需求对京津冀企业生态文明建设合作影响不显著。企业的资源需求取决于企业当前的资源分配情况，如人才是否缺失、物资匮乏等，当企业出现资源短缺时也不太会选择企业生态文明建设合作这一途径，首先合作是一个需要做好提前量的过程，而企业资源需求多出现为临时情况，且若企业无固定合作渠道，那么企业资源的资源需求无法成为影响企业生态文明建设合作意愿的显著影响因素。

（二）研究展望

京津冀企业作为京津冀区域协同发展中的重要组成成分，区域内近几年雾霾天气频发，严重影响了人们日常的工作与生活，因此，京津冀企业就企业生态文明建设合作均具有强烈的合作意愿，但是如何促进京津冀企业彼此间的合作，吸引企业参与进企业生态文明建设合作的队伍当中来对企业显得极其重要，笔者通过借鉴区域内企业合作成功案例及前人的研究，针对京津冀区域内企业间合作意愿的提升提出了以下几点建议：

第一，针对结论中企业战略规划对企业生态文明建设合作意愿显著提出如下建议：企业战略京津冀企业需要认识到企业战略规划的重要性，树立履行社会环境责任的理念。京津冀区域内企业需树立企业社会责任环保意识，提高企业履行社会环保责任的自我约束力，并针对企业生态环境责任的价值影响程度，对企业的资源实现合理有效的分配，从而实现企业价值和企业绿色可持续发展的双重利益最大化，除此之外，企业在战略规划方面需完善企业人才制度保障体系，人才、技术、信息等作为企业间进行生态文明建设合作中最常见的流动要素，完善人才培养治理体系，才能使企业人才管理工作顺利进行，加快企业技术创新，完善企业技术开发机制，才能使技术实现竞争优势最大化，构建信息平台治理体系，整合企业间信息，从而为企业生态文明建设合作伙伴的选择提高可信度。

第二，针对低碳环保新技术的推广对企业生态文明建设合作的相关显著性提出如下建议：企业应提高与各方媒介（政府、高校、科研机构）的交流。企业间生态文明建设合作会面临地域的分布影响，致使合作作用不明显，尤其在各地企业结构类型不相同的情况下。因此，企业需要借助多方媒介来进行资源的收集，其中高校与科研机构重点对人才进行培养，对科学技术开发，加大企业与高校、科研机构的联系，可以为企业输送更多的适合企业发展需要的高素质人才与新技术的资源共享，从而降低企业在技术开发、人才培养方面的成本，除此之外，彼此之间可适当通过高校、科研机构进行科研委托，通过高校、科研机构联系起来的企业双方能够了解彼此之间的发展现状与已有资源现状，从而提升企业生态文明建设合作绩效，通过高校、科研机构与企业之间的共同开发，还可使双方企业员工在实践中提高科研水平，使其双方能力更加匹配，促进企业信息的交流，技术、人才、信息等资源的高质量化，可促进企业生态文明建设的发展，更能激发企业参与企业生态文明建设合作的意愿，从而实现企业间优势互长，企业间绿色可持续的发展。

第三，针对公众舆论、参与对企业生态文明建设合作意愿影响显著，特提出如下建议：加强公众参与机制的建设，增强企业彼此之间的信任感。企业与公众的相互信赖不是双方之间短时间内就可培养出来的，需要双方在长期的磨合过程当中才可彼此相互适应，建立在信任层面的关系才能既保证双方良好的合作关系，也能保证企业能够取得较好的市场效果。在调查中我们发现公众对企业的需求就在于企业的环境保护措施与经济发展现状，但是，企业往往只追求利益最大化，而对企业社会公信力置之不理，此做法的最终现象就是公众告发、揭示真相，造成舆论导向，企业信誉严重受损，与之相反的是，若企业重视企业生态文明建设，既实现碳排放标准化、生产过程低碳化，符合国家各项环境指标要求，公众就会对该企业表示信服，从而赢得市场好口碑，为企业带来潜在的合作客户，从而为今后的企业生态文明建设合作创造机会，打下基础。

第三章　京津冀企业生态文明建设合作的对策建议

京津冀企业作为京津冀区域协同发展中的重要组成成分，区域内近几年雾霾天气频发，严重影响了人们日常的工作与生活，因此，区域协同治理机制和政策建议、企业生态文明建设的内外部路径企业生态文明建设的环境绩效指标体系企业生态文明建设的全产业链企业绿色金融与碳排放权交易，针对京津冀区域内企业间合作意愿的提升提出了以下几点建议。

一、京津冀区域协同治理机制和政策建议

（一）创新京津冀生态环境协同治理机制

创新京津冀生态环境协同治理机制，实质上是要形成合理的共同规则，促进北京、天津、河北三个区域治理子系统的互动融合，进而建立起有序的区域一体化生态环境治理系统，真正实现"联防联控、协同行动"。协同治理理论认为序参量是引导系统由非均衡状态转向均衡状态的关键因素，序参量间的协同合作，使得子系统能在共同规则的引导下有序运行，从而自发形成协同结构，保证整体效应的最大化发挥。协同治理理论所蕴含的多元化主体、自组织结构、各子系统的协作关系和共同规则等特性，与生态环境治理所表现出的区域各自为政、公共物品属性、多元主体利益冲突、信息渠道阻塞等特征相契合。因此，根据二者的契合点，结合京津冀生态环境治理的现实挑战，我们可识别出"顶层设计、目标的一致性程度、利益分配、信息共享"是支配京津冀区域一体化治理系统运行的序参量，以此作为京津冀生态环境治理机制创新的突破口。

如图3-1，在京津冀协同治理系统中，"顶层设计、府际协同、激励相容、信息共享"四类序参量在治理实践中具体表现为"府际协作、成本分担、监督

问责和多元主体参与"四项关键性机制。在关键性机制的推动下，中央政府加强顶层设计，地方政府积极落实，市场合理配置资源，企业主导治污，公众积极自主参与，构成多层次的治理主体。此外，将环境因素纳入地方政绩考核，能够整合多元化的价值体系，树立生态文明理念，确立生态、经济和社会可持续发展的共同治理目标。可见，推进关键性机制的创新，是提升京津冀生态环境协同治理能力的决定因素。

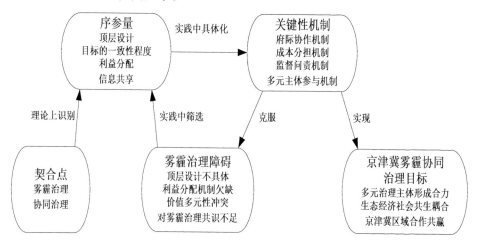

图 3-1 京津冀生态环境协同治理机制

1. 创新决策协调机制，实现府际协作

大气污染（雾霾）是一种典型的跨界公共危机，其难点在于环境污染的跨界性、流动性、不确定性与行政管理对于明确职责和边界属性的矛盾。2014 年京津冀协同发展领导小组成立，国务院副总理张高丽任组长。地方层面，北京市 2014 年 3 月底就已成立"区域协同发展改革领导小组"，河北省于 2014 年 7 月成立河北省推进京津冀协同发展领导小组，办公室设于廊坊市。天津市于 2014 年 9 月成立天津市京津冀协同发展领导小组。各地领导小组通过参加京津冀协同发展领导小组会议的形式来组织开展各地的协同治理具体工作。京津冀协同发展的决策体系是中国应对超大城市群治理问题的一个创新机制。然而，协作小组的组织结构并不明确，缺少小组长，而且缺少固定的办公室。大气污染防治是京津冀协同发展的突破口，建议由中央有关部门直接牵头，提高协作小组的级别，逐步将协作小组通过法定程序过渡为常设领导机构，理顺其与三地环保部门的关系。协作小组以会商机制为基础，在环保部设立办公室，建立跨区域会同其他部门的联合监察执法机制，从而实现统一监察执法，并可以加强信息互通共享。

2. 创新成本分担机制，提高协作治理成效

由于区域经济发展的不平衡，区域之间的利益关系主体多元，责任收益难以明确。如何改进竞争大于合作的思维，改善"各扫门前雪"的现状，需要建立合作共赢的成本分担机制。首先，京津冀三地政府要加大治理大气污染的投入力度，在中央大气污染防治专项资金的基础上，应按照各自财政收入的一定比例提取资金，用于建立京津冀大气环境保护的专项基金，由专门的领导小组机构管理和支配，通过"以奖代补"的方式，促进京津冀大气污染防治工作。其次，产学研相结合，对大气污染治理展开定量研究，量化京津冀生态环境治理的溢出效应，设定合理的成本分担机制，实现京津冀区域合作博弈。第三，完善京津冀大气污染防治核心区对口帮扶机制。建议进一步完善对口帮扶的组织形式和帮扶内容，通过资金、技术、人力、项目等不同方式重点援冀，实现不同层面的结对支援与合作，努力确保三地同步实现污染治理目标。建立京津冀地区排污权交易制度和碳排放权交易制度，降低整个社会的减排成本。

3. 创新监督与问责机制，确保协作目标实现

首先，虽然三地 2015 年探索了联合预警，但是预警机制仍存在政策执行不力，部门之间步调不一致等问题。2015 年环保部督查组实地调研发现的散煤燃烧问题，脱硫、除尘设备停运问题，渣土车白天运输问题，应急响应不及时等问题反映了京津冀雾霾联防联控机制中监督与问责机制的缺少。其次，在环境管制方面，目前三省市依据不同的环境保护条例，环保标准不统一。以 GDP 作为重要政绩考核标准的激励机制使得河北省环境管制比京津两地都要松，以至于出现了北京的企业搬迁到河北省后排放增加、监管放宽的新问题。因此，必须明确即将出台的《京津冀协同环境保护条例》的法律性质。由于三地是同级的行政区，要让该条例发挥战略引领和刚性控制作用，确立其法律地位十分重要。因此，需分阶段逐步统一区域环境准入门槛、统一排污收费标准，实现环境成本的统一，避免出现"污染天堂"现象，以达到京津冀区域环境质量总体改善的目标。在协作小组的领导下，三地政府应让渡跨区域部分的环境监管职责。此外，还要建立"区域监察管理联合执法机构"，与环保部监察局华北监察中心合作，承担立法、监管和执法职责。建立问责机制，党政同责，加强考核。按照十八届六中全会的精神，坚决防止和纠正"执行纪律宽松软"，全面从严治

党，加强党支部的监督问责机制，防止环保监测数据造假、环境督察形同虚设、环保追责措施不力等有法不依、执法不严、违法不究问题。

4. 创新多元主体参与机制，增强社会共识

京津冀大气污染联防联控工作的顺利有效实施需要多元主体的积极参与。首先，公众参与机制是京津冀大气污染联防联控多层治理机制的重要组成部分之一。发挥公众的主观能动性需要建立有效机制以增加公众对自身利益的决策权，使公众能够根据自身状况和能力，与其他利益相关者一起制定有效的发展计划，并采取行动来实现合作共赢。目前公众的知情权正在建立，但是监督权和决策权仍然缺失。政府需要提供公众参与的平台，细化完善运行机制，以充分调动公众积极性、自主性和创造性。此外，作为雾霾重要产生者的企业界，目前还处于消极应付的阶段。企业违法成本低，守法成本高是企业治污积极性不高的重要原因。应该尊重企业在污染治理上的选择权和决策权，发挥企业治污的主体作用。政府和有关部门通过建立重污染企业退出机制，对企业提供税收优惠、财政支持、信贷支持以及土地使用、供电等优惠，引导企业开展技术升级、末端治污工程、企业转产、搬迁等重大决策。政府要通过多层次资本市场引导，比如低息贷款、优先上市等形式，鼓励企业市场化并购重组，使环保达标的企业形成竞争优势，实现治理与发展并举。

（二）推动京津冀生态环境协同治理的政策建议

1. 探索京津冀区域垂直管理试点，严格数据监管和违法查处

首先是环境监管体制的漏洞，如偷排问题，数据监控应由企业转向环保部门等行政部门，数据由环保部门负责，定期对数据进行核实检验，对于数据异常严肃查处，一方面可以减轻数据失真的风险，另一方面也能在一定程度上查处违法排放。其次从技术方面，使监管更具有科学性、准确性、有效性。建立如红绿灯监管交通一样的污染治理自动监控系统，在监控体系中发挥互联网的强大作用，对于污染治理设施使用电量这个问题，可以由政府部门监管企业污染治理设施的用电，具体过程是：在污染治理设施用电来源上采用专用电路，与生产用电电路区分开，政府部门通过对企业的污染治理设备电路进行监控，使得生产设备与污染治理设施同时运行，也就是开启生产设备的同时必须开启污染治理设备，做到生产设备和污染治理设施同时运行。如果企业没有运行污染治理设备，通过电路监控体系可以立即监控到，采取相应措施阻止企业污染

行为。加大工业污染源治理力度，对排污企业全面实行在线监测。强化环境保护督察，新修订的环境保护法必须严格执行，对超排偷排者必须严厉打击，对姑息纵容者必须严肃追究。

2. 从法律层面，完善现有环境法律法规体系和跨界大气环境治理立法

我国跨界大气环境治理中政府间的合作形式大多停留在会议的层面上，使得区域间政府合作形式缺乏刚性和法律的稳定性。以法律形式确定跨行政区域大气环境管理协调组织的法律地位、职责、权限等，以保障该机构的管理职能得到贯彻实施；从执法监督方面，令中央环保督察组全面进驻地方，实地调查，对京津冀三地政府党委和政府落实环境保护主体责任进行督促，发挥对环保执法的监督作用，以致打破各地区利益冲突。从合作体制方面，构建合作运行的相关机制，如信息沟通机制、利益协调机制、监督保障机制。

3. 完善重点污染领域的信息公开机制，加大公众对执法人员与企业的监督

首先完善移动互联网络监督平台，加大环保政策的宣传力度，加大工业园区的企业信息透明程度，加大环保部门生态环境治理效果信息透明力度，促使绿色生活方式观念深入人心，更好监督，以身作则。其次，发挥民间环保组织在跨界环境治理中的优势。在京津冀大气环境治理中，各级政府应高度重视民间环保组织的管理和发展，减低审批登记门槛，促进民间环保组织间的合作，使监督更有效率。其次在技术层面，鼓励研发推广可以检测到二氧化硫，氮氧化物等大气污染气体的便携式仪器，这能促进公众对偷排，违规排污的企业的举报更有据可依，更及时，更准确。

4. 完善资金补偿机制，加大对大气污染防治专项资金使用绩效的评估

资金补偿方面，加大中央大气污染防治专项资金的投入力度，同时加强对资金使用的绩效评估。虽然目前已建立专项资金，但专项资金的投入统计表中没有很详细的使用清单，只是数目以及用途方向，在专项资金的使用上企业应当向当地政府呈报使用详细清单，地方政府呈报国家环保局，最后上报财政部，最终由财政部审核，对于不合理的费用，采取追回政策，避免企业和当地政府对专项资金滥报滥用在治理雾霾的经费上，缩减审批程序，加强经费使用后的审核，对于不合法的经费使用，落实到具体的法律法规中，严格追究违法人员的法律责任。

5. 加强多学科交叉的研究创新机制

首先，划定军民融合重点领域，加强联合攻关，破解制约生态文明建设的

重大技术问题。大型油气田及煤层气开发、大型先进压水堆及高温气冷堆核电站、水体污染控制与治理等领域是我国《"十三五"国家科技创新规划》中明确的国家科技重大专项，对促进我国的能源转型和提高污染治理水平具有重大的推动作用。煤炭清洁高效利用、智能电网、天地一体化信息网络、京津冀环境综合治理等是我国"科技创新2030"中的重大项目工程，对改善我国生态环境现状具有重大意义，应该通过整合运用军民科研力量和资源，引导军民融合技术向这些重大工程的成果转化。要鼓励军工企业单位进行商业模式创新和管理创新，促进军工领域的先机技术的转让与转化，通过对接我国的核电站技术开发、光伏及电动车等技术研发，助力我国的能源转型升级。

其次，加快推动军民融合科技体制创新，设立地方军民融合创新发展服务平台，促进技术成果及时转化应用。我国在2014年已经设立了"国家军民融合公共服务平台"，是国家层面为国务院有关部委、军队、军工单位和民用企业沟通交流的平台，准入门槛较高。要推动军工企业单位保密管理制度创新，加大国防科研平台向民用单位开放力度，构建一个政产学研用共建的地方性军民融合协同创新服务平台，鼓励高校科研单位与地方的军工企业和军事科研院所积极合作，通过整合高校现有的科技创新技术及人才资源，联合地方企业进行成果转化。完善成果共享机制、激励约束机制，加快产业链、创新链、资金链互融互通，为军民融合发展提供金融服务、项目对接、信息咨询、产权保护、成果转让、产品营销等平台服务。

再次，加快推进军民融合产业项目建设，促进传统产业转型发展。我国的军工企业大省多在陕西、河北、山西、四川、湖北、湖南、江西、重庆等中西部省份，这些地方面临着传统产业去产能压力大、新兴产业发展动力不足的发展瓶颈。如河北省的钢铁、水泥、玻璃等传统行业是主要的重污染行业，面临巨大的过剩产能压缩任务，亟须提升产品的结构与档次，改善当地生态环境。地方政府应该高度重视军民融合产业的培育、推广和发展，将发展军民融合产业作为地方经济绿色转型发展的重要突破口，通过设立军民融合发展产业基金、军民结合产业基地等形式，促进军民融合技术在地方产业转型发展中"落地生根"。

然后，加强基础领域统筹，增强对生态文明建设和国防建设的整体支撑能力。国土空间开发保护是我国生态文明建设的重要内容，也是巩固国防建设的重要途径之一。统筹军民测绘基础设施建设，完善覆盖全部国土空间的监测系统，动态监测国土空间变化，防止不合理开发建设活动对生态红线的破坏。此外，极端天气、突发环境公害等不确定性事件已成为我国生态文明建设的重大挑战。要统筹空间基础设施建设，加强国家民用空间基础设施在遥感、通信、导航综合应用示范，提供自然灾害监测评估、应急指挥信息通信服务和综合防灾减灾空间信息服务，为动态监测、预警和精细化管理等宏观决策提供技术支撑，确保资源、能源和生态安全。统筹标准计量体系建设，打破行业标准壁垒，建立标准化军民融合长效机制，为军民技术融合提供"快车道"。

最后，打造军民融合法制体系，为军民技术融合提供制度保障。国防制度是宪法制度的重要内容，军民融合问题应当上升到宪法层面进行制度设计。2016 年 3 月通过的《关于经济建设和国防建设融合发展的意见》，为我国军民融合提供了指导建议，然而目前军民融合仍缺乏以宪法为核心的军民融合法治体系，军民融合的"信任机制"仍处于缺失状态。应该尽快起草制订《军民融合促进法》，为促进军民深度融合发展提供体制机制设计。同时要加快完善《军民两用设备设施资源信息共享名录》《国防科技工业知识产权转化目录》等，进一步细化军民融合资源目录，明确军民融合发展的合理边界。

6. 激活企业创新活力

企业违法成本低，守法成本高是企业治污积极性不高的重要原因。区域之间的利益关系主体多元，责任收益难以明确。而建立横向支付的机制亟须解决的问题是，确定收益的大小以及核定补偿成本。这需要更加科学的雾霾成因分析以及准确的地区间雾霾相互影响关系，从而才能实现科学合理的补偿机制。作为雾霾重要产生者的企业界，目前还处于消极应付的阶段。学术界对治理成本和收益的分摊的研究和实践还仅仅限于区际政府层面，补偿仅发生在地市级政府和所属省级政府之间，仍然没有实现同级行政区划政府间的补偿；不仅难以界定补偿者、受偿者和补偿标准，更重要的是并未将企业纳入成本分担和收益共享机制主体范围之内。

应该尊重企业在污染治理上的选择权和决策权，发挥企业治污的主体作用。政府和有关部门通过建立重污染企业退出机制，对企业提供税收优惠、财政支持、信贷支持以及土地使用、供电等优惠，引导企业开展技术升级、末端治污工程、兼并重组、企业转产、搬迁等重大决策。同时要鼓励北京市更多的科技和文化资源通过在河北省建立科技合作示范基地或"科技中试中心"来向河北省转移，政府部门与企业要充分沟通，签署合作契约，并且公开信息，接受社会监督。

通过完善节能低碳认证及节能量交易制度、碳排放权交易制度和排污权交易制度等市场机制，激发企业投资建设绿色节能建筑、新能源汽车、清洁能源、高效燃煤锅炉等绿色低碳产品的积极性。进一步提高京津冀地区产品的能效水平和环保标准，倡导绿色低碳消费，扩大节能低碳产品的市场需求，提高企业投资绿色低碳产品的动力，打造绿色低碳品牌。

二、京津冀企业绿色金融与碳排放权交易

（一）绿色金融体系

绿色金融提升企业生态文明建设意愿的主要路径是商业银行的绿色信贷。即通过提供优惠利率或者政府配套的财政补贴，降低企业绿色项目的融资成本以此提升企业绿色投资的收益率。但是很多绿色项目，可能并不适合债权融资，而是需要多方面的金融支持。近几年，各国金融机构在绿色金融产品和服务创新方面做了大量有益的探索。

一些对经济总量带动大、对结构调整效果好、对技术创新作用显著、市场需求强劲持续、有利于可持续发展的环保产业，作为战略性新兴环保产业，可以加以培育和发展，从而成为绿色金融推动的主要产业。新能源产业、绿色建材产业、电动汽车产业、生物技术产业、高效能源产业的企业可以采取节能减排等措施。一方面可以通过绿色金融获得融资便利；另一方面，这些措施也同时促进了生态环境的改善。

1.建立绿色金融体系的目标

建设生态文明必须通过财税、金融等手段，改变资源配置的激励机制，增强企业生态文明建设的意愿。金融作为现代经济的核心，在实现资源优化配置过程中发挥着至关重要的作用，只要资金逐渐投入绿色、环保行业，其他的生产要素（土地、劳动力）也将随之转入。因此，建立鼓励绿色投资，抑制污染性投资的金融体系，不仅能改变企业生态文明建设的意愿，还会在加快经济发展方式转变和经济结构调整方面发挥重要的作用。

具体目标包括以下三条：第一，引导足够的社会资金投入到绿色项目，以达到国家总体污染减排目标。根据马骏等（2014）的估计，我国的绿色产业在今后五年（2015—2019年）每年平均需要投入的资金在两万亿以上，约占GDP

的 3%。在全部的绿色投资中，政府出资占比约为 10%—15%，其余的资金需要靠社会资本支持。绿色金融体系的首要目标，就是要把资金引导到绿色产业，实现"定点灌溉"。第二，在强调社会责任和环境风险的前提下，提高资金的配置效率。具体体现在，在可选的大量项目中，将资金以"给定减排目标，资金使用效率最高"的原则进行配置。第三，建立绿色金融体系并非是超越利润目标的"高尚"目标，而是着眼于实体经济和虚拟经济长期蓬勃发展。平衡短期目标和长期目标，减少风险，实现金融机构可持续发展，避免系统性金融风险。

2. 环境产业政策

政府的环境产业政策是界定排放权、界定外部化的基础。只有在产权界定清楚后，排放权才能成为非公共物品，其稀缺性及市场价值才能显现，进而才能成为金融交易的客体。政府通过法律法规创造出绿水青山的市场稀缺性，使之变为实实在在的金山银山，直接改变了企业、金融机构和地方政府等主体对绿色投资的行为偏好。政府的环境政策工具包括地区能源（如煤炭）消耗总量额度控制、地区主要排放物总量额度控制、行业主要污染物排放总量控制、生态补偿政策、资源税和环境税、项目环境影响评价审批等。这些政策工具的共同导向是，通过政府强制力创造出排放权的稀缺性，将有节能减排成本优势和劣势的主体分别培育为排放权市场的供给方和需求方，从而使绿色金融交易成为可能。

3. 绿色金融的法律法规体系建设

建立环境影响评价机制，明确各主体的法律环境责任，发挥媒体监督作用建立社会声誉机制。一个完整的绿色金融体系应该是以市场价格机制为核心，以政府宏观调控和产业政策为主导，以法律法规和社会监督机制为保障，多种金融机构积极参与并密切配合的复杂系统，其结构如图 3-2 所示。

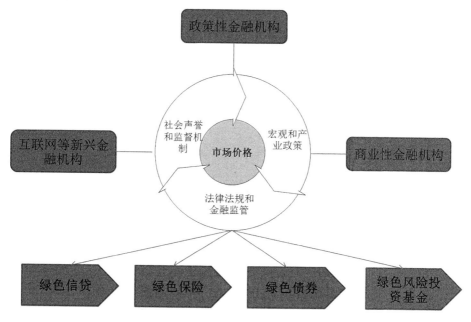

图 3-2 绿色金融体系结构图

第十八届中央委员会第五次全体会议通过"十三五"规划建议，指出"支持绿色清洁生产，推进传统制造业绿色改造，推动建立绿色低碳循环发展产业体系，鼓励企业工艺技术装备更新改造。发展绿色金融，设立绿色发展基金"，进一步明确了推进绿色金融的发展。根据规划，"十三五"期间，我国需要建立一个系统、有效的绿色金融体系，以通过有限的财政资金撬动几倍乃至十几倍的社会资本投入绿色产业，解决环境问题，并推动环境相关的新能源、清洁交通、生态农业等相关绿色产业发展，以促进我国经济产业结构的全面升级，推进我国社会、经济的和谐、可持续发展。

（二）碳排放权交易

为促进企业生态文明建设，有必要研究企业碳排放权交易，分析目前低碳经济中政府和企业之间存在利益冲突的缘由，从而寻找到最优解决方案，以此来调动企业和政府的积极性，促进企业生态文明建设。

美国经济学家戴尔斯（Dales）1968 年率先提出了"排放权交易"概念，即通过排放许可的形式，使获得排放污染物的合法权利，使环境资源类似于一种商品，从而进行交易。他指出政府不妨将污染赋予产权给予污染企业，同时规定可以让渡这类权利，将提高资源利用率以市场交易来实现。

1972 年，Montgomery 是排放权交易理论研究的奠基人。他剖析了以市场为导向的排放权交易系统，以理论形式证明了市场导向型交易系统相对于传统的指令控制系统优势更明显。是由于用排放权交易系统可以节省大量的成本，究其根源，排放权交易系统的污染控制可以根据治理成本灵活改变，可以使总体协调成本保持最低。

为了监督各国是否履行控制碳排放量的义务，1997 年 150 多个国家共同签订了《京都议定书》。同时《京都议定书》引入了国际排放权交易机制、联合履行机制、清洁发展机制这三种相对灵活的交易机制，这使得各国在控制碳排放量方面有了新的思路，具体内容如表 3-1：

表 3-1 交易机制对比

机制种类	适用范围	交易方式
国际排放贸易机制（ET）	发达国家之间	一个发达国家超额完成减排义务的指标，而另外一个发达国家未能完成减排义务，则后者就需要从前者那里购进减排指标，来补充自身未能完成的减排义务。
联合履行机制（JI）	发达国家之间	发达国家之间通过碳减排项目的合作而形成减排单位，之后再将其转让给另一发达国家缔约方的一种碳排放权的交易机制。
清洁发展机制（CM）	发达国家与发展中国家之间	发达国家通过提供资金和技术的方式，使自身完成其减排承诺的同时，还能协助发展中国实现可持续发展。

资料来源:《京都议定书》

碳排放权交易的基本机制有以下两种。

（1）总量控制与交易机制产生于配额，直接限制温室气体的总排放量。一定时期内，政府根据测量的大气最佳容纳量限制温室气体总体可排放量，和各排放主体的实际情况分配给他们最大可排放量。若在此期间排放主体实际排放量超过政府配给量，那么就需要向政府或市场购买超过的排放配额，否则就会被惩罚；但是，若排放主体的实际未超过政府配给量，那么就可以在碳交易市场上卖出多余排放配额，从而带来利益流入。这是一种以被分配的配额或节能减排主体售出的配额为交易对象的交易机制。

（2）基准和信用机制是产生于项目的信用交易机制。所谓信用交易机制，是指各国政府为鼓励排放主体能够自愿、主动地节能减排，让其将自己拥有的、经过严格审批的减排量在市场上自由转让，从而取得经济利益的机制。这是一种以核定过的碳减排量为交易对象的交易机制。

在碳交易这个产业链条中，北京是最具体、最完整的地区，拥有独一无二的优势。产业发展相关的金融机构、碳资产管理公司、大型央企的总部几乎都驻扎在北京，就连全国碳市场的设计团体也在北京，他们是未来研发可持续的碳金融产品的重要利益关联方。未来，碳排放权交易中政企合作是大势所趋。政府和企业需不断总结其他领域相关合作经验，完善碳市场环境的同时构建碳市场政企合作氛围。对此，政府应逐渐规范市场运作的制度环境，保证投资的安全性，缓解企业对政府信用问题及执行能力的顾虑，并建立相应的协调机制，划清双方权利义务边界，保持相应的契约精神。国企应在实践中摸爬滚打，总结经验并为民营企业提供模范效应，经验指导及技术支持。北京市碳排放权交易中，政府和企业是利益相关者，要成功实现政企合作并取得整体利益最大化，合理有效的利益分配是关键。因此，探讨政企合作博弈及利益分配问题对于营造碳市场政企合作氛围至关重要。

（三）北京市碳排放权交易现状分析

国家发展和改革委员会与 2011 年 10 月发布《关于开展碳排放权交易试点工作的通知》，开展碳排放权交易试点工作，并在北京、天津、上海、深圳等地开始。随后，又颁布了《温室气体自愿减排交易管理暂行办法》。在 2015 年 1 月开始施行《碳排放权交易管理暂行办法》，全面推动全国碳排放权交易市场的建立。可见，我国关于碳排放权交易的制度正在逐步完善。

2013 年我国先后在深圳，上海，北京，广州，天津，湖北，重庆等省市展开试点。表 3-2 所示为试点省市交易所成立时间、交易品种和方式：

表 3-2 七个试点省市交易所对比

交易所	成立时间	交易品种和方式
深圳排放权交易所	2013 年 06 月 18 日	主要产品是 SZEA（深圳市碳排放配额）和 CCER，主要采用电子拍卖、定价点选、大宗交易、协议转让等方式进行

交易所	成立时间	交易品种和方式
上海环境能源交易所	2013 年 11 月 26 日	主要产品是 SHEA（上海市碳排放配额）和 CCER，主要采用线上交易和协议转让等方式进行
北京市环境交易所	2013 年 11 月 28 日	主要产品是 BJEA（北京市碳排放配额）和 CCER；主要采用线上交易，协议转让交易形式
广州碳排放权交易所	2013 年 12 月 20 日	主要产品是 GDEA（广东省碳排放配额）和 CCER；主要采用挂牌竞价、排牌点选、单向竞价、协议转让等方式进行
天津排放权交易所	2013 年 12 月 26 日	主要产品是 TJEA（天津市碳排放配额）和 CCER；主要采用网络现货、协议和拍卖交易等方式进行
湖北碳排放权交易中心	2014 年 04 月 02 日	主要产品是 HBEA（湖北省碳排放配额）和 CCER；主要采用协商议价转让和定价转让的混合交易方式
重庆联合产权交易所	2014 年 06 月 19 日	主要产品是 CQEA（重庆市碳排放配额）主要采用协议交易方式

从表 3-2 可看出，我国碳交易产品主要是碳排放权配额和核证自愿减排量（CCER）两种。交易方式主要是协议转让和线上交易方式。其中，CCER 用于抵消配额清缴，由于其作为抵消机制被六个试点允许进入各自碳交易市场，只是使用比例为 5%—10% 在各个市场略有不同，这将有助于增加市场参与率且降低减排成本。

表 3—3 2016 年全国碳市场成交概览

	配额总量	成交总量	成交总额	成交均价
北京（2013.11.28）	约 0.5 亿吨	1260 万吨	4.7 亿元	37.3 元/吨
天津（2013.12.26）	约 1.6 亿吨	236 万吨	0.4 亿元	16.1 元/吨
上海（2013.11.26）	约 1.5 亿吨	1697 万吨	2 亿元	11.7 元/吨
福建（2016.12.22）	未公布	67 万吨	0.2 亿元	32.9 元/吨
深圳（2013.06.18）	约 0.3 亿吨	1508 万吨	4.9 亿元	32.5 元/吨
广东（2013.12.19）	约 4 亿吨	3063 万吨	4.6 亿元	15.1 元/吨
湖北（2014.04.12）	约 2.8 亿吨	3707 万吨	7.9 亿元	13.7 元/吨
重庆（2014.06.19）	约 1.3 亿吨	73 万吨	0.1 亿元	21.5 元/吨
四川（2016.12.16）	暂无配额交易			

注：来源于北京市碳市场年报

2016 年，各省市二级市场线上线下共成交碳配额，较前一年都有大幅度增长。从各省市开市至今，成交规模逐年扩大，市场交易也日趋活跃，但由于试点碳市场仍然都处于初级阶段，市场流动性普遍偏弱。

1. 北京市碳排放权交易市场环境

近年来，国家大力推动制定碳排放权交易的相关法规，北京市积极响应国家号召，从 2007 年开始，率先控制企业能源消费总量，并高强度检查重点用能企业节能情况，先后制定修订《北京市节能减排奖励暂行办法》等一系列政策规范，并制定了 2010—2012 年的"绿色北京"行动计划，于 2012 年 3 月 28 日正式启动试点工作，其实施力度之大、范围之广，走出一条富有地区特色的"北京模式"。"十二五"时期，北京市积极推进产业结构、能源结构以及能耗构成三方面的革新。

（1）制度环境

目前，北京市碳市场已顺利运行多年，不但为首都节能减排工作发挥了重要作用，更为全国碳市场建设积累了宝贵经验。形成了自上而下、系统完备、核查严密、监管严格、开放多元等鲜明特征。

系统完备的"1+1+N"政策法规体系，为北京市碳排放交易工作规范有序推进和持续发展提供了坚实的基础，包括北京市人大立法、地方政府规章和市发改委会同有关部门出台的 20 余项配套政策文件与技术支撑文件，形成了温室气体排放数据填报系统、注册登记系统和电子交易平台系统，碳排放数据报送、第三方核查、排放配额核定与发放、配额交易和清算（履约）等五个环节的闭环运行的碳交易流程。在总量控制方面，结合北京市碳排放构成特征，实行绝对总量和相对强度控制相结合、直接排放和间接排放相统筹的碳排放管控机制，多措并举控制碳排放总量。在配额管理方面，坚持"适度从紧"的原则逐年免费分配既有设施排放配额，实现既有设施碳排放量逐年下降；同时预留不超过年度配额总量的 5% 用于定期拍卖和临时拍卖核定新增设施配额，率先公布 52 个行业 93 个具体行业的碳排放强度的先进值，更大力度地约束新增设施的碳排放。历史法和基准线法相结合，实现排放配额合理有效分配。

核查制度严密可靠，为使北京碳市场碳排放数据保质保量，建立了系统严密的监测报告核证（MRV）体系。北京市率先展开了双重备案，即核查机构和核查员，对碳排放报告采用第三方检查、专家审查、核查机构第四方交叉抽查，根据 2016 年数据，2016 年 1 月第三方核查机构 26 家，核查员 349 名，切实保障数据质量；同时，率先探索碳排放管理体系建设，逐步从政府历史碳排放数据过渡到企业采购第三方核查服务市场。此外，建立了企业碳排放数据电子报送平台，为覆盖行业建立统一的碳核算方法和渠道。

严格的市场监管，罚则严格公正，保障履约，维护市场秩序。碳市场监管从被监管对象角度划分，分为碳交易机构监管和交易行为监管，前者由主管部门对被监管对象监督，后者由交易所对交易参与人的日常交易活动进行一线监管。市人大常委会通过《关于北京市在严格控制碳排放总量前提下开展碳排放权交易试点工作的决定》明确要求，未遵约按市场均价 3—5 倍罚款，未按规定报送碳排放报告或核查报告可处 5 万元以下罚款。

多元化的参与主体，增强了市场流动性，提高交易匹配率，激发了市场活力。2016 年开始覆盖行业在电力、热力、水泥、石化、其他工业企业、服务业的基础上又新增城市轨道交通、汽车客运等交通运输行业，包括高校、医院、政府机关等公共机构。此外，参与交易的央企数量最多，外资及合资企业也占有较高比例。开放包容，多元主体，有效发挥了市场积极作用。

跨区协作，使北京市碳市场覆盖范围进一步扩大。京冀在全国率先探索开展跨区域交易，河北承德市将水泥行业纳入跨区域碳排放权交易体系，启动相关技术培训、数据核查及履约工作；首笔跨区域碳汇项目承德丰宁千松坝林场碳汇造林一期项目也在北京环交所成功挂牌成交。同时，北京与呼和浩特、鄂尔多斯两市也已展开跨区域碳排放权交易，北京市碳排放市场容量稳步扩大。

在碳排放权交易机制下，企业可通过三种方式实现减排目标：一是降低产量，基本与落实共给侧改革政策相吻合，重点在于控制产量和淘汰落后产能；二是采用新技术，激励清洁技术的发展；三是在市场上购入配额或中国经核证的减排量 (CCER) 等其他抵消品种，来缓解自身所受的约束，实现低碳经济的长远价值。

（2）配额市场

北京市碳市场自开市以来至 2016 年年底，累计成交配额达 1259 万吨，交易额达 4.74 亿元。从图 3-3 可见成交量和成交额逐年递增。

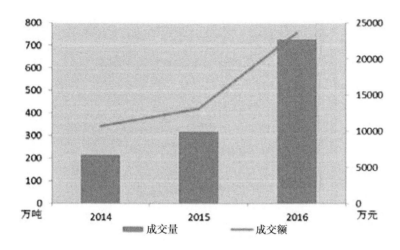

图 3-3 北京市 2014—2016 年配额成交情况

注：来源于北京市环境交易所

（3）抵消市场

北京碳市场一直重视核证减排量（CCER）市场，不断推进该市场的发展。从图 3-4 CCER 成交项目类型看，北京试点成交的 CCER 项目风力、生物质、光伏、余热、瓦斯、垃圾焚烧、垃圾填埋发电、沼气利用、新能源公共交通发电等多种类型。其中，风力发电项目成交量占 50% 以上，生物质发电、沼气利用、光伏发电等类型项目也成交较多。

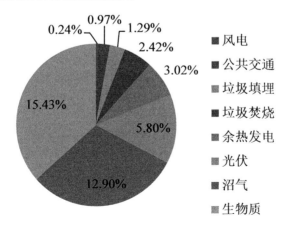

图 3-4 成交 CCER 项目类型分布

注：来源于北京市环境交易所

2. 北京市政企合作的问题及借鉴

（1）北京第十供水厂——PPP 的反面教材

中国最早探索实践 PPP 的项目之一——北京第十供水厂，是该市第一个利用外资修建市政设施的试点项目，在项目成立后的多年内，经历了各种风吹雨打、变化曲折，遭遇了几乎同类项目所有的磨难。该项目自 1998 年就已确定，但直到 2012 年年底才正式开始动工。究其原因，无论是政府还是企业都存在不可推卸的责任。

政府层面，较长周期项目中政府信用及执行能力令企业堪忧。在该项目的落实过程中，部分城市政府收了排污费但却见年不向治理污染的企业支付费用，企业只能成为"冤大头"。尽管该项目理论上市长是法人，企业可以向他伸张权利，但是在实践中规范性很弱，最终导致资本进入不顺畅。以至于 PPP 出现过热现象，政府对 PPP 项目认识不到位，决策仓促，急于推出项目或急于融资现象严重，其终极目标或许仅仅为融资。

企业层面，整体积极性不高，民营企业谨小慎微，资本流入不足。清华大学王守清教授表示："当下法律体系不完善，政府食言情况频发，只有国企敢于长期投资。但是如果行动的只是国企，民企止步不前，这意味着 PPP 仍然在体制内发展，没有太大的实际意义。"

政企合作层面，协调难，冲突频发。地方政府部门多头管理，问题频出，无固定合作解决部门。政府授权一个职能部门和企业签合同，但它是没有多少能力与许多部门协调执行项目的。众多情况下，企业处于被动接受指令状态，所谓合作更多的只是上传下达，上令下行。

（2）丰台区中小企业窗口服务平台——政企共建标杆平台

2013 年为进一步提升服务中小企业的能力和水平，丰台区采取政府引导，公益性服务和市场化服务相结合的运营模式，倾力打造标杆性中小企业窗口服务平台。

该平台依托北京赛欧科园科技孵化中心有限公司的孵化空间资源，采取政企合作方式共建服务窗口。北京市经济和信息化委员会充分肯定了丰台区中小企业窗口服务平台的建设方案及工作方向，并提出指导性建议。该项目一期建设的资金由北京市经济和信息化委员会补贴，二期项目建设资金由市、区中小专项资金和北京赛欧科园科技孵化中心有限公司共同筹集。

该平台的建立增加了服务对接活动、年服务中小企业数量，提高了服务满意度，建成了企业融资活动的一站式服务等，加快转变政府职能，提升服务能力，解决了中小企业与市场信息不对称，力量不对称的矛盾。

此次项目是政企合作取得共赢的实践，政府和企业资源共享，建设资金共筹集，建设成果同收获。政府给予政策支持、资金补贴提高了服务水平，同时提高了民间资本的活跃度；民间闲置资源的充分利用，资金的投入，为企业带来良好声誉及额外收益。此次政企良性互动，有效解决了中小企业与市场信息不对称问题，为政企合作提供模范作用。

（3）丰台区水环境治理——政企合作助攻坚

为了攻坚克难、全力治理北京市丰台区水环境，落实丰台区第二个三年治污计划、水污染防治工作，丰台花园、丰台区水务局、环保局与北京市排水集团多次协商，共同促成签订水环境整治的合作协议。

为更好地达成合作，做好市政市容整治工作，区市政市容委摸底调查了全区 328 条主要大街两侧"开墙打洞"情况，并梳理了基础台账，总计 10373 处。陆续展开整治任务。区环保局将在 2017 年实现全区"无煤化"，完成平房的煤改清洁能源，疏解整治一般制造业企业、违法违规排污及生产经营行为企业，实现辖区内锅炉低氮改造，淘汰高排放机动车，同时进一步加大执法监管力度，通过落地性的污染治理减排不断推动改善空气质量。

北京市排水集团将通过技术手段实现排水设施管理，从根本上解决水质超标问题，规范施工行为，避免施工过程中对雨水、污水设施的破坏，2017 年底基本实现污水收集处理设施全覆盖，污水全收集、全处理的目标。

此次合作，政府部门将发挥其各职能优势，企业将发挥其技术优势，联合协作，形成合力，共同促进排水设施管理和执法工作的有机结合，打响治理水环境的攻坚战。

（4）北京市碳排放权交易中政企合作借鉴

2014 年以来，为促进我国 PPP 市场发展，财政部为统筹推进 PPP 改革，众多国家部委陆续发布政策支持和实际操作等方面的指导文件，这也引起了地方政府、金融机构、企业等各方的高度重视。实际上，从 2015 年 12 月 16 日第二批 PPP 项目推出，社会各方都逐渐高度重视起来，企业的也燃起了投资热情，未来的市场前景无法估量。与此同时，央行、财政部、国家发改委等多部委也采取多重措施，积极推进构建我国绿色金融体系。杭州 G20 峰会上，"绿色金融"被首次纳入会议议题。绿色金融之火将在全球范围燃起，为能产生生态价值、实现可持续发展的投融资活动提供支持，同时，这也将进一步推动我国绿色环保领域 PPP 项目发展。PPP 模式带动了绿色环保项目建设的创新，如项目的商业模式、投融资机制和运营模式，在某种程度上 PPP 模式能缓解环保产业存在的融资难和收益不稳定等问题，实现合作共赢。随着立法和制度建设的加强，破解当前 PPP 发展面临的落地难、融资难、协调难等问题指日可待，政企合作的问题逐步得到解决。

在碳交易这个产业链条中，北京是最具体、最完整的地区，拥有独一无二的优势。产业发展相关的金融机构、碳资产管理公司、大型央企的总部几乎都驻扎在北京，就连全国碳市场的设计团体也在北京，他们是未来研发可持续的碳金融产品的重要利益关联方。未来，碳排放权交易中政企合作是大势所趋。政府和企业需不断总结其他领域相关合作经验，完善碳市场环境的同时构建碳市场政企合作氛围。对此，政府应逐渐规范市场运作的制度环境，保证投资的安全性，缓解企业对政府信用问题及执行能力的顾虑，并建立相应的协调机制，划清双方权利义务边界，保持相应的契约精神。国企应在实践中摸爬滚打，总结经验并为民营企业提供模范效益，经验指导及技术支持。北京市碳排放权交易中，政府和企业是利益相关者，政企合作的成功实现并取得整体利益最大化，合理有效的利益分配是关键。因此，探讨政企合作博弈及利益分配问题对于营造碳市场政企合作氛围至关重要。

（四）北京市碳排放权交易政企合作博弈及利益分配

1.政企合作博弈动因描述

地理条件优越、信息完整是政府监督规范企业生产经营最明显的两个优势。快速的经济发展短期内驱动区域财富增加，给政府带来业绩，巩固了执政地位，但是伴随而来的碳排放的增长、环境恶化等生态问题同样可能受到社会的指责。当政绩考核以 GDP 为标准时，政府能够顺利逃避因注重 GDP 而造成的超额碳排放和环境污染等而造成的远期后果。这进一步促使地方政府陷入强调经济发展与财政税收，而忽略保护环境的泥潭，最终导致国家难以贯彻落实全面低碳经济发展。实际上，经济增长取决于企业在减排行动实施过程中如何进行投资。换句话说，企业减排决策是否使政府获得收益，决定了地方政府是否采取减排行动。

自市场是一只"看不见的手"被 Adam Smith 提出以后，实现自身利润最大化被公众认为是企业唯一目标，并且认为想要实现这样的目标，企业会选择传统的、低成本的生产经营方式以最大程度地用最小成本获得最大利润。但是在经济飞速发展的今天，传统的生产方式受到国民对更高质量生活方式和生活品质的冲击。比如，这些年来，京津冀地区严重的雾霾天气、环境污染问题，民众对此强烈指责。因此，若此时企业仍然不改进生产方式，很可能政府将开出罚单，国民也将减少企业产品的消费。所以，企业将会继续选择传统模式还是突破创新采用先进模式，这无疑取决于其排污所获收益和付出的代价比较。当前，中国大部分企业仍然走的是先污染后治理的路径。环境问题向来受到我国政府高度重视，低碳改革的相关政策层出不穷，但是目前企业参与低碳转型的积极性不高，究其原因，是低碳发展尽管长期会降低成本、增长收益，但短期内并不能将核心的减排成果转化为企业内部收益，即低碳发展的外部性特征成为企业参与低碳改造的顾虑之一。

对此，要想在低碳转型中鼓励地方政府和企业低碳发展，促进低碳经济持续发展，必然需要一种管理机制有效地促进减排成果成功转化为低碳发展的优势和条件。本书考虑我国以政府为主、企业配合参与的低碳发展现状，假设北京市区域碳减排产生的收益记为政府的政绩，并且纳入生产企业的经营审核范畴，提出区域协同发展、低碳发展的理念。地方政府在经济发展和碳减排的双重政绩考核压力下，鼓励企业增加投入实现碳减排的同时也将通过政策、制度保障，技术、设施扶持来推动区域内低碳转型。至此，共同的利益目标促使地方政府与企业都拥有了合作意愿。

2. 政企合作意愿度分析

不同企业碳交易意愿下，政府和企业将采取不同措施以达到效益最大化，对此本书对政企决策展开完全信息动态博弈分析。

理论假设：本研究暂认为经济模型中碳交易意愿度不受不易衡量的其他一些非理性因素的影响。企业是追求利益最大化的经济人，其会理性分析碳交易产生的收益、成本和风险，对不同的分析结果产生不同的碳交易意愿，那么企业理性分析后预期的净收益越高，其碳交易的意愿越大。作为一个经济人，企业卖出碳交易配额会选择预期净收益高而预期风险低的经营方式，企业平衡风险和收益的关键是风险偏好。

碳交易的过程实际上是碳配额在碳交易市场上流转，因此，本书借鉴前人对流转意愿的研究构建碳交易意愿度模型：

$$D = \frac{(I_1 / I_2)}{(R_1 / R_2)^f}$$

式中，D 用来衡量碳交易意愿度；I_1 为边际的企业碳配额交易净收益；I_2 为边际的企业非碳配额交易净收益；R_1 为碳交易经营活动的风险；R_2 为非碳交易经营活动的风险；f 为风险偏好系数如下表 3-4。

表 3-4 风险偏好系数 f 界定

f 取值	企业风险偏好	企业意愿
f=0	极大	只考虑经营收益大的项目
0<f<1	较大	—
f=1	一般	—
f>1	较小	—
∞	极小	只考虑经营风险小的项目
f<0	—	选择收益小而风险大的项目，不符合经济人的假设

政府和企业能够成为该博弈的局中人，归因于：政府建议和指导的一方，企业是接收信息并予以实施的一方，两者都为有限理性人。同时，政府和企业相继行动，政府根据市场、行业、企业发展变化，有两种策略选择：其一，政府可通过定期盘查企业配额使用、进入市场情况等对企业行使监管职责，监管企业碳交易的实施（简称"监管"）；其二，政府放任，对企业是否实施碳交易不监管（简称"不监管"）。而对于企业可能采取三种策略：其一，可能会通过积极进行内部盘查配额、进入碳交易市场进行交易等方式实施碳交易的策略（简称"实施"）；其二，可能企业碳交易意愿不明确，选择观望策略（简称"观望"）；其三，也可能选择拒绝进行碳交易（简称"不实施"）。

本书对不同策略下企业的收益和成本做如下表 3-5，同时假设所有参与者在给定任意策略组合下，每一个参与者的收益都是确定的，则构建完全信息动态博弈分析模型可知，当企业意愿度强且政府能够给予相应的扶持、监督，政府和企业将达成合作共识，因此本书将构建政企合作模型并对相应剩余利益分配。政府与企业之间的博弈树见图 3-5，政府与企业战略式描述见表 3-6。

表 3-5 主要指标含义

符合	含义
C_E	企业选择实施策略的成本
R_E	企业选择实施策略的收益
C_G	政府监管的成本
R_G	政府监管的收益
F_G	政府监管后，对不实施碳交易企业的罚款
S_G	政府监管后，对仍处于观望状态企业的补贴
A_G	政府监管后，对实施碳交易企业的奖励
P_G	政府付出的大气治理费用

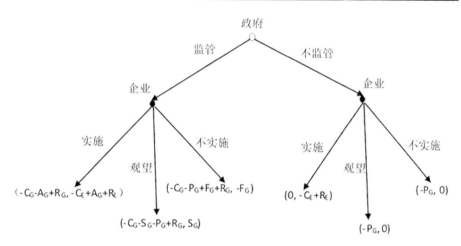

图 3-5 政府与企业之间的博弈树

表 3-6 政府与企业战略式描述

		（实施，实施）	（实施，观望）	（实施，不实施）	（观望，实施）	企业 （观望，观望）
政府	监管	$(-C_G-A_G+R_G, -C_E+A_G+R_E)$	$(-C_G-A_G+R_G, -C_E+A_G+R_E)$	$(-C_G-A_G+R_G, -C_E+A_G+R_E)$	$(-C_G-S_G-P_G+R_G, S_G)$	$(-C_G-S_G-P_G+R_G, S_G)$
	不监管	$(0, -C_E+R_E)$	$(-P_G, 0)$	$(-P_G, 0)$	$(0, -C_E+R_E)$	$(-P_G, 0)$

（观望，不实施）	（不实施，实施）	（不实施，观望）	（不实施，不实施）
$(-C_G-S_G-P_G+R_G, S_G)$	$(-C_G-P_G+F_G+R_G, -F_G)$	$(-C_G-P_G+F_G+R_G, -F_G)$	$(-C_G-P_G+F_G+R_G, -F_G)$
$(-P_G, 0)$	$(0, -C_E+R_E)$	$(-P_G, 0)$	$(-P_G, 0)$

当企业意愿度 D > 1 时，企业实施碳交易的意愿强，同时政府能够制定相

应的监管政策，给予此类企业相应的奖励，这将有效提高社会整体生态文明建设效益；而当企业意愿度 D < 1 时，企业或对碳交易无动于衷或抵触。因此，政府应有适当的激励、惩罚等配套措施，以增加生态文明建设中整体收益，并积极推动碳交易的开展。

3. 政企合作博弈模型构建

基于北京市区域协同发展、低碳发展评估构想，地方政府为企业提供一定低碳投入的政企合作制度有助于地区低碳经济发展，在相同的地方政府低碳努力路径下，政企合作能够促使企业发挥最大潜能进行低碳经营，因而在区域范围内低碳整体效益明显提高。北京市政企合作博弈模型包括模型 I：政企合作模型和模型 II：Shapley 值合作收益分配模型两部分。模型 I 是政企相互合作，构建北京市总的收益函数，以此函数最大为目标函数。模型 II 是用 Shapley 值法分配合作收益，合作收益指政企合作后总收益与政企总投入之间的差额。

（1）政企合作模型

本研究拟运用微分对策模拟区域碳排放交易的政企合作情况，北京市政府为创造交易环境创设碳排放权交易制度，通过制度约束及资金补贴、税收减免等成本补贴方式，鼓励企业增加低碳投入，企业通过与政府合作获得开展低碳生产的资金补助和碳交易获得的溢出效益，进而企业将完成低碳转型，推动碳排放权交易，区域碳排放量也将降低。

为避免地方政府与多个企业之间合作的复杂性，本研究仅考虑北京市政府和一家企业两个博弈主体组成的区域碳排放权交易合作，以简化模型。

假定北京市政府 G、企业 E 在促成碳排放权交易中付出的努力水平分别为 $L_G(t)$、$L_E(t)$，代表政府为推动碳排放权交易，促进区域低碳减排所付出的包括制度创新营造交易环境、资金补贴、技术人才扶持、税收减免等碳排放权交易促进投入，以及企业在生产技术、产品设计、经营管理、营销推广、碳排放交易费用等碳排放权交易投入。设政府和企业碳排放权交易中短期投入成本分别为：

$$C_G(t) = \mu_G L_G^2(t)$$

$$C_E(t) = \mu_E L_E^2(t)$$

$$L_G(t), \ L_E(t) \geqslant 0 \tag{1}$$

其中，μ_G、μ_E分别表示为促成碳排放权交易北京市政府与企业投入的成本系数，双方成本均是努力水平的凸函数，并设为二次函数，以表示为促成碳排放权交易，努力水平提升所对应的边际成本递增规律，也就是说政府和企业为促进碳排放权交易发展所需的成本随发展程度提高而增加。

为转变区域经济发展模式，北京市政府不断展开且鼓励碳排放权交易，政府的低碳投入有利于为政治经济提供条件，有利于完善城市配套设施，有利于树立环境友好型的政府形象，从而吸引与低碳相关的投资、技术和人才来到北京市，为北京市企业的碳排放权交易创造良好的内外部环境。因此，模型中区域减排效果受北京市政府投入的影响，并以社会效应的形式表现。变量$S(t)$表示低碳社会效应随时间的积累，满足如下微分方程：

$$dS(t) = \left[\alpha L_G(t) - \delta S(t)\right]dt, S(0) = S_0 \geqslant 0 \qquad (2)$$

方程（2）表示政府投入产生的低碳社会效应的累积，其中，α代表北京市政府努力水平对北京市范围内低碳社会效应的影响系数，$\delta > 0$表示社会效应的衰减程度，随着碳排放权交易观念的逐步普及、经济制度逐渐转型成功，低碳社会效应不断增长，但在达到某个水平后，其随北京市政府低碳投入增长而扩大的趋势减弱，即边际效应开始递减。

碳排放的建设取决于企业的碳排放权交易行为和政府所影响下产生的低碳社会效应，本研究认为，低碳发展受社会效应的影响，且符合边际效用递减规律，也就是说，在一段时间内，低碳社会效应会对减排发挥越来越重要的作用，但随着低碳经济的逐步完善，这一作用将减缓，边际增长量开始下降。所以，模型用非线性手段处理社会效应对二氧化碳减排量的影响，采用以下函数来表述区域政企合作产生的碳排放权交易在t时刻的总收益，与政府和企业努力水平的关系：

$$A(t) = \beta L_E(t) + \gamma S(t) - \tau S(t)^2, A(t) \geqslant 0 \qquad (3)$$

其中，β，γ，τ均为大于0的常数，表示企业与政府对北京市碳排放权交易总收益的影响。

对此在政企合作中，北京市碳排放权交易的分配收益表示为有关t的函数关系：

$$\pi(t) = A(t) - C_G(t) - C_E(t)$$

即，$\pi(t) = \beta L_E(t) + \gamma S(t) - \tau S(t)^2 - \mu_G L_G^2(t) - \mu_E L_E^2(t)$ （4）

虽然，在短期内政府为激励企业实施碳排放权交易无法避免地要增加技术、人才等低碳投资，其成本也相应不断增加，同时，碳排放权交易的实施不断地增加了企业的生产成本。然而，实施碳排放权交易后改善了环境，资源利用率也明显提高，这较大程度上降低了由于气候变暖给政府及企业未来带来的治理成本，从而在长远看来，政府和企业的减排成本呈下降趋势，即 $C_G(t) + C_E(t)$ 降低。可见，跨期性是碳排放权交易中成本和收益效益的一个特征，短期内的减排成本上升使得节约利用资源和有效保护生态环境得到经济主体更多关注，并设法促使生态、经济及社会收益的共赢，这将在长期内有效地促进环境、资源和经济的协调发展，继而改善生态环境、提高资源利用率、发展可持续经济以及增加生态环境利益。

（2）基于 Shapley 值法解决利益分配问题

政企合作博弈的利益是政府和企业通过相互合作与协调，在具有完全约束力的协议下，整体创造出的溢出利益。在低碳经济背景下，地方政府与企业之所以选择合作，原因在于政府可以更容易达到减少碳排放量的目的，并会获得更高政绩，企业可以获得更多直接或间接利益。利益分配的公平、合理与否直接关系到整个区域合作、整体共赢是否可以持续稳定的发展，因此政府和企业如何进行利益分配成为一个关键的问题。

在政企合作博弈模型中，政府和企业通过合作完成国家规定的碳排放配额指标，政府和企业都希望自身分配的收益越大越好，因此如何科学分配合作收益成为碳排放权交易中政企合作的关键。Shapley 值法是基于边际贡献的，用于解决合作中利益分配问题的一种合理的数学分配方法。

设碳排放权交易参与者联盟为 N = {1,2}，若对于任何一个参与者 $i \in N$，满足 $\phi_i(v) \geq Y_i$，[$\phi_i(v)$ 表示 i 参与合作后可得到的利润，Y_i 表示碳排放权交易中 i 单独行动能够获得的利润]，即当且仅当政府和企业都能获得大于或等于单独行动时的利润时，政企才有合作的意愿。

假设存在一个可以保证联盟建立且顺利运行的合理的分配方式，则显然政企合作中创造的收益等于各参与者获得的收益和，即

$$\sum_{i \subseteq N} \phi_i(v) = v(N)$$

其中, $v(N)$ 表示所有联盟形式的收益中的最大收益。

Shapley 值记作:

$$\phi_i(v) = \sum_{S \subseteq N} \frac{(|S|-1)!(2-|S|)!}{2!} \left[v(S) - v(S-\{i\}) \right], \forall i \in N$$

式中, S 是包含了参与者 i 的所有子集, $|S|$ 是子集 S 中参与者元素个数, $v(S)$ 是包含参与者 i 联盟 S 的合作收益, $v(S-\{i\})$ 是不包含参与者 i 的联盟收益。

假设政府和企业合作在特定场合不合作或两区域合作情况下的收益情况(见表 3-7): 合作比不合作合算, 即其中 $R_{GE} > R_G + R_E$。

表 3-7 政府和企业合作收益情况

参与者	政府（G）单独	企业（E）单独	政企合作（GE）
收益	R_G	R_E	R_{GE}

因此, 政府分配收益为:

$$\phi_G(v) = \frac{(1-1)!(2-1)!}{2!} \times (R_G - 0) + \frac{(2-1)!(2-2)!}{2!} \times (R_{GE} - R_E) = \frac{1}{2}(R_{GE} + R_G - R_E)$$

企业分配收益为:

$$\phi_E(v) = \frac{(1-1)!(2-1)!}{2!} \times (R_E - 0) + \frac{(2-1)!(2-2)!}{2!} \times (R_{GE} - R_G) = \frac{1}{2}(R_{GE} + R_E - R_G)$$

根据政企合作博弈模型及政企分配收益方程, 当政府和企业通力合作、合力减排时, 所获得经济收益、生态收益及社会收益必将大于各自为政, 单独减排所获收益。同时, 为不断保证政府有政策落实、行政监督的动力, 企业有参与碳排放权交易的积极性, 合理公平地分配通力合作所获得额外收益起到关键性作用。在以上分配收益下, 将逐渐形成政企协作低碳减排的良性循环, 形成碳排放权交易的市场氛围, 环境问题也将以市场化形式得以解决。

4.北京周口店平原造林项目研究模拟分析

基于以上对政企合作动因、意愿分析，以及对政企合作剩余利益分配问题的研究，本书将以北京市房山区周口店镇碳汇造林一期项目为例模拟分析。该平原造林项目产生并由北京市发改委预签发的减排量，由深圳招银国金投资有限公司从北京龙乡韵绿园林绿化工程有限公司购进 2530 吨 CO_2 森林碳汇，总交易额为 7.59 万元。

（1）平原造林项目政企村合作动因分析

政府相关部门的推动，相关企业、村集体的积极配合，是此次项目成功的关键。

其一，政府意识加强，相关项目推动。北京市政府重视京郊农村的生态服务价值量化及推动建设生态补偿机制的市场化机制，提出基于北京市碳市场建设和农林碳汇项目的开放与交易探索生态补偿市场化机制的思路；环交所向财政部和亚行成功申报了"北京市生态补偿市场化机制研究"的授权技术援助项目获得市财政局和市金融局的支持，该项目的研究依据是北京市碳市场的建立，研究目的是创新包括北京和北京周边地区的城乡农林碳汇交易机制，为平衡城乡发展、改变现有发展模式而提供可行的市场手段。

其二，企业经济利益驱动及知名度提升。该项目中，政府通过招投标形式选择承建方，企业对于政府大力支持并推广的项目予以积极支持，在获得相应的经济利润的同时，也能提升自身知名度，有利于企业可持续发展。

其二，房山区周口店现状所迫及利益驱动。周口店镇曾经是采矿大镇，生态环境遭到非常严重的破坏。从 2004 年开始周口店镇陆续关停煤矿、石灰窑、水泥厂、石板等加工企业，这也意味着，农民就业问题严重，收入水平降低。而此平原造林项目，从土地流转费，管护费，林下套种小麦、中草药收益到林子吸收的二氧化碳卖出收益，都表明生态环境是生产力，生态保护存在更大的利润空间，这也是周口店最初试探"碳交易"的目的。

（2）平原造林项目政企村合作意愿度分析

该案例中政府 G 是该项目的支撑者，北京龙乡韵绿园林绿化工程有限公司 E_1 是该项目的建设者，周口店镇 8 个村集体 E_2 是该项目的减排单位。根据 4.2 理论基础，以平原造林项目模拟意愿度分析，博弈树分解图见图 3-6。

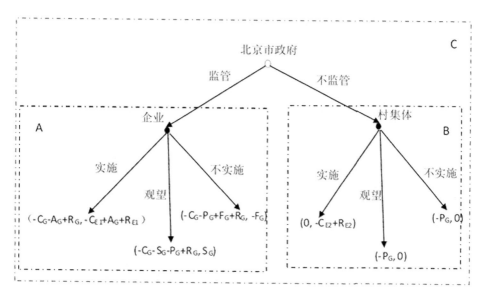

图3-6 政府、企业及村集体之间的博弈树分解

（1）对于子博弈 A，若 $-C_{E1} + A_G + R_{E1} > S_G$ 时，企业选择积极配合政府实施建设工程，其收益矩阵为 $(-C_G - A_G + R_G, -C_{E1} + A_G + R_{E1})$。

对于子博弈 B，若 $-C_{E2} + R_{E2} > 0$，村集体选择积极响应并提供人力支持项目完成，其收益矩阵为 $(0, -C_{E2} + R_{E2})$；此时，对于原博弈 C，若 $-C_G - A_G + R_G > 0$，则政府将进行监督管理并予以相应扶持，此时三方战略矩阵为［监管，（实施，实施）］，收益矩阵为 $(-C_G - A_G + R_G, -C_{E1} + A_G + R_{E1})$；反之，若 $-C_G - A_G + R_G < 0$，政府不对此项目予以监管和扶持，此时三方战略矩阵为［不监管，（实施，实施）］，收益矩阵为 $(0, -C_{E2} + R_{E2})$。

对于子博弈 B，若 $-C_{E2} + R_{E2} < 0$，村集体处于观望状态或者不积极配合政府决定，其收益矩阵均为 $(-P_G, 0)$；此时，对于原博弈 C，若 $-C_G - A_G + R_G > -P_G$，则政府将采取监管并给予相应激励，此时三方战略矩阵为［监管，（实施，观望）］，收益矩阵为 $(-C_G - A_G + R_G, -C_{E1} + A_G + R_{E1})$；若 $-C_G - A_G + R_G < -P_G$，政府对于该项目放任，不给予激励和监督，此时三方战略矩阵为［不监管，（实施，观望）］和［不监管，（实施，不实施）］，收益矩阵均为 $(-P_G, 0)$。

（2）对于子博弈 A，若 $-C_{E1}+A_G+R_{E1}<S_G$ 时，企业处于对于承建该项目意愿不强，其收益矩阵为 $(-C_G-S_G-P_G+R_G, S_G)$。

同上，对于子博弈 B，若 $-C_{E2}+R_{E2}>0$，村集体选择积极响应并提供人力支持项目完成，其收益矩阵为 $(0, -C_{E2}+R_{E2})$；此时，对于原博弈 C，若 $-C_G-S_G-P_G+R_G>0$，政府将采取监管并给予相应激励，此时三方战略矩阵为［监管，（观望，实施）］，收益矩阵为 $(-C_G-S_G-P_G+R_G, S_G)$；若 $-C_G-S_G-P_G+R_G<0$，政府对于该项目放任，不给予激励和监督，此时三方战略矩阵为［不监管，（观望，实施）］，收益矩阵为 $(0, -C_{E2}+R_{E2})$。

对于子博弈 B，若 $-C_{E2}+R_{E2}<0$，村集体处于观望状态或者不积极配合政府决定，其收益矩阵均为 $(-P_G, 0)$；此时，对于原博弈 C，若 $-C_G-S_G-P_G+R_G>-P_G$，政府将采取监管并给予相应激励，此时三方战略矩阵为［监管，（观望，观望）］，收益矩阵为 $(-C_G-S_G-P_G+R_G, S_G)$；若 $-C_G-S_G-P_G+R_G<-P_G$，政府对于该项目放任，不给予激励和监督，此时三方战略矩阵为［不监管，（观望，观望）］和［不监管，（观望，不实施）］，收益矩阵均为 $(-P_G, 0)$。

此次平原造林项目中，政府、企业、村集体三方表现出互利共赢的意愿，其三方战略矩阵为［监管，（实施，实施）］，收益矩阵为 $(-C_G-A_G+R_G, -C_{E1}+A_G+R_{E1})$。

（3）政企村合作博弈分析

假定北京市政府 G、企业 E、村集体在促成碳排放权交易中付出的贡献分别为 $L_G(t)$、$L_{E1}(t)$、$L_{E2}(t)$。

①北京龙乡韵绿园林绿化工程有限公司贡献 $L_{E1}(t)$

北京龙乡韵绿园林绿化工程有限公司主营园林绿化工程、专业承包、劳务分包、景观设计、农业技术开发培训咨询服务、建筑工程咨询等。该项目中，公司中标承建房山区平原造林工程，以及后续新增林木资源养护工程。

设企业碳排放权交易中短期投入成本为：

$$C_{E1}(t)=\mu_{E1}L_{E1}^2(t), \quad L_{E1}(t)\geqslant 0 \tag{5}$$

其中，μ_{E1}表示为促成碳排放权交易北京龙乡韵绿公司投入的成本系数，其成本是企业贡献的凸函数，并设为二次函数，即为单调递增的曲线，表示企业在碳排放权交易中的贡献所对应的边际成本递增规律，也就是说企业为促进碳排放权交易发展所需的成本短期内随发展程度提高而增加。

②村集体贡献$L_{E2}(t)$

房山区周口店镇8个村提供垃圾遗弃地和石砾滩地，用于造林面积共3.07平方千米；提供劳动力以支持造林项目以及管护养护工作等。

设村集体碳排放权交易中短期投入成本为：

$$C_{E2}(t) = L_{E2}(t) , L_{E2}(t) \geqslant 0 \tag{6}$$

由于在本项目中，村集体所提供的造林土地固定，劳动力短期内变化可忽略不计，因此其成本即8个村集体的贡献。

③相关政府部门贡献$L_G(t)$

为加强平原造林工程建设管理工作，提高工程质量，充分发挥投资效益，实现绿化建设目标，政府各相关部门齐头并进，为促成碳排放权交易提供了基础。

首先，政府政策、制度引导指挥。北京市园林绿化局、平原地区造林工程建设指挥部办公室，组织工程监理公开招投标，对平原造林工程实行全过程监理，切实做好工程建设规范有序开展。北京市园林绿化局检查指导平原造林工作，并对房山区平原造林工作提出相关具体要求：一是要结合平原造林工程与环境整治，建设通往林区的各绿色道路；二是要结合平原造林后期管护与农民绿岗就业，优先解决享有平原造林土地流转政策的本地农民就业；三是结合平原造林工程与区域生态环境建设，提升房山区的门户形象。房山工商分局为力促试点工作落实，全力支持产业结构转型，项目期间多次到周口店交流了解相关实际情况，积极把握服务型工商建设的机会，和环交所及时沟通、协调以推动房山区经济发展。

其次，政府互联各方资源。该项目中，政府除提供资金支持、工作监督指导外，加强与各相关企业联系，其中，北京联合优斯技术服务有限公司、北京环境交易所、深圳招银国金投资有限公司为周口店完成首例碳交易提供技术支持、平台支撑、市场工具等。通过招投标，北京联合优斯技术服务有限公司为该项目提供技术援助，负责开展项目研究，同时，在北京市金融局的协助下，北京环交所负责对接联合优斯日常管理、协调等工作。在周口店镇平原造林项目中，环交所牵线搭桥，为周口店镇这 2530 吨二氧化碳一次性成功卖出提供平台和技术支持，成为此次碳交易的"摆渡人"。深圳招银国金投资有限公司在此次交易中也表现了对碳市场的坚定信心，对生态补偿的重要支撑，为建立市场化的生态补偿机制提供了保障。

设政府碳排放权交易中短期投入成本为：

$$C_G(t) = \mu_G L_G^2(t) , \ L_G(t) \geqslant 0 \qquad (7)$$

其中，μ_G 表示为促成碳排放权交易北京市政府投入的成本系数，其是相关政府部门贡献的凸函数，并以二次函数表示，表示为政府部门贡献的提高所对应的边际成本递增规律，也就是说政府为促进碳排放权交易发展所需的成本短期内随发展程度提高而增加。

④林业碳汇项目成果研究

此次平原造林项目开发出了国内首个"非煤矿区生态修复碳汇项目方法学"并在国家发改委成功备案，同时也陆续完成平原造林和矿区修复两个林业碳汇项目，项目第一个监测期，碳减排量共计 4216 吨，其中经北京市发改委预签发 60%，即 2530 吨二氧化碳当量用于市场交易，被深圳招银国金投资有限公司购买，总交易额为 7.59 万元，按照碳汇林面积占比，分配给所涉及 8 个村村集体。

此外，亚行项目顺利结题，提炼出了基于林业碳汇的市场补偿模式，构建了北京生态补偿机制的架构，提出了实施路径——"四步走"战略。项目在创新方面有很大的突破，具有开创性，利用扎实的实证分析获得可操作性强的政策建议，其研究和相关示范项目对推动中国林业碳汇的发展功不可没，具有较高的理论和现实意义。

在该案例中，所获利益包括碳交易所产生的经济利益、解决部分就业问题所产生的社会效益以及碳减排所带来的生态效益。根据上文可知，周口店镇减排效果受北京市政府投入的影响，并以社会效应的形式表现。设变量 $S(t)$ 表示低碳社会效应随时间的积累，满足如下微分方程：

$$dS(t) = [\alpha L_G(t) - \delta S(t)]dt, S(0) = S_0 \geqslant 0 \qquad (8)$$

其中，α 代表政府贡献对北京市范围内低碳社会效应的影响系数，$\delta > 0$ 表示社会效应的衰减程度，随着碳排放权交易观念在周口店镇逐步普及且周口店镇平原造林发展模式逐渐成熟，低碳社会效应不断增长，但在达到某个水平后，其随北京市政府低碳投入增长而扩大的趋势放缓，即边际效应开始递减。也就是说，在一段时间内，低碳社会效应会对减排发挥越来越重要的作用，但随着低碳经济的逐步完善，这一作用将减缓，边际增长量开始下降。所以，模型用非线性手段处理社会效应对二氧化碳减排量的影响，采用以下函数来表述周口店镇政企村合作产生的碳排放权交易在 t 时刻的总收益 $A(t)$，与三方贡献的关系：

$$A(t) = 100 + \beta L_{E1}(t) + \gamma S(t) - \tau S(t)^2, A(t) \geqslant 0 \tag{9}$$

其中，β，γ，τ 均为大于 0 的常数，以村集体所获收益 7.59 万元为基数 100。

在此次平原造林项目中，所获经济利益归 8 个村集体所有，而本研究认为应当综合考虑经济利益、社会利益和生态利益，合理科学地分配剩余收益。因此本书试图以此案例模拟计算可分配收益，并利益 Shapley 值法对其分配。即此项目剩余利益，即可分配收益表示为有关 t 的函数关系：

$$\pi(t) = A(t) - C_G(t) - C_E(t)$$

即，$\pi(t) = 100 + \beta L_{E1}(t) + \gamma S(t) - \tau S(t)^2 - \mu_G L_G^2(t) - \mu_{E1} L_E^2(t) - L_{E2}(t)$

$$\tag{10}$$

假设该项目中政府、企业和村集体在特定场合不合作和合作情况下的收益见表 3-8。假设合作比不合作合算，即其中 $R_{GE} > R_G + R_{E1} + R_{E2}$。

表 3-8 三方合作收益情况

参与者	政府单独	企业单独	村集体单独	政企合作	政村合作	企村合作	三方合作
收益	R_G	R_{E1}	R_{E2}	R_{GE1}	R_{GE2}	R_{E1E2}	R_{GE}

Shapley 值记作：

$$\phi_i\left(v\right)=\sum_{S\subseteq N}\frac{\left(\left|S\right|-1\right)!\left(3-\left|S\right|\right)!}{3!}\Big[v\left(S\right)-v\left(S-\left\{i\right\}\right)\Big],\forall i\in N$$

则，利益分配分别为：

$$\phi_{E2}\left(v\right)=\frac{\left(1-1\right)!\left(3-1\right)!}{3!}\times\left(R_{E2}-R_{GE1}\right)+\frac{\left(2-1\right)!\left(3-2\right)!}{3!}\times\left(R_{GE2}-R_{E1}\right)+$$

$$\frac{\left(2-1\right)!\left(3-2\right)!}{3!}\times\left(R_{E1E2}-R_G\right)+\frac{\left(3-1\right)!\left(3-3\right)!}{3!}\times\left(R_{GE}-0\right)=\frac{1}{3}\left(R_{GE}+R_{E2}-R_{GE1}\right)$$

$$+\frac{1}{6}\left(R_{GE2}+R_{E1E2}-R_G-R_{E1}\right)\phi_{E1}\left(v\right)=\frac{\left(1-1\right)!\left(3-1\right)!}{3!}\times\left(R_{E1}-R_{GE2}\right)+\frac{\left(2-1\right)!\left(3-2\right)!}{3!}$$

$$\times\left(R_{GE1}-R_{E2}\right)+\frac{\left(2-1\right)!\left(3-2\right)!}{3!}\times\left(R_{E1E2}-R_G\right)+\frac{\left(3-1\right)!\left(3-3\right)!}{3!}\times\left(R_{GE}-0\right)=$$

$$\frac{1}{3}\left(R_{GE}+R_{E1}-R_{GE2}\right)+\frac{1}{6}\left(R_{GE1}+R_{E1E2}-R_G-R_{E2}\right)\phi_G\left(v\right)=\frac{\left(1-1\right)!\left(3-1\right)!}{3!}$$

$$\times\left(R_G-R_{E1E2}\right)+\frac{\left(2-1\right)!\left(3-2\right)!}{3!}\times\left(R_{GE1}-R_{E2}\right)+\frac{\left(2-1\right)!\left(3-2\right)!}{3!}\times\left(R_{GE2}-R_{E1}\right)+$$

$$\frac{\left(3-1\right)!\left(3-3\right)!}{3!}\times\left(R_{GE}-0\right)=\frac{1}{3}\left(R_{GE}+R_G-R_{E1E2}\right)+\frac{1}{6}\left(R_{GE1}+R_{GE2}-R_{E1}-R_{E2}\right)$$

本研究拟运用 Shapley 值法对房山区平原造林项目所获生态效益、经济效益及社会效益进行模拟分配，且认为在政府、企业、村集体三者之间要建立长期稳定的合作关系，应对利益分配为 $\phi_G\left(v\right)$、$\phi_{E1}\left(v\right)$、$\phi_{E2}\left(v\right)$。

$$\varphi_{E1}\left(v\right)=\frac{\left(1-1\right)!\left(3-1\right)!}{3!}\times\left(R_{E1}-R_{GE2}\right)+\frac{\left(2-1\right)!\left(3-2\right)!}{3!}\times\left(R_{GE1}-R_{E2}\right)$$

$$+\frac{\left(2-1\right)!\left(3-2\right)!}{3!}\times\left(R_{E1E2}-R_G\right)+\frac{\left(3-1\right)!\left(3-3\right)!}{3!}\times\left(R_{GE}-0\right)=$$

$$\frac{1}{3}\left(R_{GE}+R_{E1}-R_{GE2}\right)+\frac{1}{6}\left(R_{GE1}+R_{E1E2}-R_G-R_{E2}\right)$$

$$\varphi_{E1}(v) = \frac{(1-1)!(3-1)!}{3!} \times (R_{E1} - R_{GE2}) + \frac{(2-1)!(3-2)!}{3!} \times (R_{GE1} - R_{E2}) +$$

$$\frac{(2-1)!(3-2)!}{3!} \times (R_{E1E2} - R_G) + \frac{(3-1)!(3-3)!}{3!} \times (R_{GE} - 0)$$

$$= \frac{1}{3}(R_{GE} + R_{E1} - R_{GE2}) + \frac{1}{6}(R_{GE1} + R_{E1E2} - R_G - R_{E2})$$

$$\varphi_{E1}(v) = \frac{(1-1)!(3-1)!}{3!} \times (R_{E1} - R_{GE2}) + \frac{(2-1)!(3-2)!}{3!} \times (R_{GE1} - R_{E2}) +$$

$$\frac{(2-1)!(3-2)!}{3!} \times (R_{E1E2} - R_G) + \frac{(3-1)!(3-3)!}{3!} \times (R_{GE} - 0)$$

$$= \frac{1}{3}(R_{GE} + R_{E1} - R_{GE2}) + \frac{1}{6}(R_{GE1} + R_{E1E2} - R_G - R_{E2})$$

$$\varphi_{E1}(v) = \frac{(1-1)!(3-1)!}{3!} \times (R_{E1} - R_{GE2}) + \frac{(2-1)!(3-2)!}{3!} \times (R_{GE1} - R_{E2}) +$$

$$\frac{(2-1)!(3-2)!}{3!} \times (R_{E1E2} - R_G) + \frac{(3-1)!(3-3)!}{3!} \times (R_{GE} - 0)$$

$$= \frac{1}{3}(R_{GE} + R_{E1} - R_{GE2}) + \frac{1}{6}(R_{GE1} + R_{E1E2} - R_G - R_{E2})$$

$$\varphi_{G}(v) = \frac{(1-1)!(3-1)!}{3!} \times (R_{E1} - R_{GE2}) + \frac{(2-1)!(3-2)!}{3!} \times (R_{GE1} - R_{E2}) +$$

$$\frac{(2-1)!(3-2)!}{3!} \times (R_{E1E2} - R_G) + \frac{(3-1)!(3-3)!}{3!} \times (R_{GE} - 0)$$

$$= \frac{1}{3}(R_{GE} + R_{E1} - R_{GE2}) + \frac{1}{6}(R_{GE1} + R_{E1E2} - R_G - R_{E2})$$

（4）周口店减排量交易成功借鉴

房山区周口店镇平原造林项目大力发展林木经济，使农民充分就业，实现了生态效益、经济效益及社会效益的共同丰收，仅从项目开始到 2014 年 9 月份，就以每吨 50 元卖出 10000 吨碳汇。随着造林项目的投入扩大，平均每年周口店镇此项目经济收益将达到 66 万元，同时由于碳交易必须保证林木的存活率高且林地得到良好的管护，因而由内而外激发了生态环境保护意识，从而提高了生态价值。此外，在平原造林工程建设和养护管理中，吸纳了 3 万多农民就业，生态文明、低碳减排对农民就业增收显示出极为明显的拉动作用，创造了房山区的社会效益。

而该试点项目的顺利进展，政企村合作成效凸显。该项目中职责明确，领导强劲，发改委、财政部门资金保障，项目执行落地有声，监察、审计部门廉洁高效及质量保证，工程建设、养护管理卓有成效，碳排放权买卖信息匹配，项目多方通力合作促成项目圆满完成，取得显著的生态、经济、社会效益。

基于碳汇项目的市场补偿与政府补偿相比，可谓比上不足、比下有余。尽管它无法替代政府补偿担起生态补偿的大梁，但作为政府补偿的补充手段以及农户增收的额外途径之一，则拥有显而易见的潜力。如果能将它与政府补偿有机结合并形成良性互动，将对完善我国的生态补偿体系发挥更大的作用。

研究小结与展望

（一）研究小结

在全国碳市场启动之年，政府和企业作为碳市场的建设者和参与者需职责明确，促进低碳经济发展的同时实现政企共赢。碳排放权交易意味着能源消耗量大的企业，将需要购买大量的碳排放配额，增加其成本，最后导致关停。市场规律导向优胜劣汰，只有符合碳排放标准以及更为绿色的企业才得以生存并能够利用此举获利，可谓企业，政府及环境三赢。本书从北京市企业角度切入，研究了碳排放权交易中政企合作关系及利益分配问题。假设协调一致的区域低碳发展，分析政企合作博弈的动因，构建碳排放权交易中合作博弈的概念模型，从而用 Shapley 值法构建利益分配模型，并以北京周口店完成碳交易、华能集团减排项目为实例，从政府、企业方面提出了碳排放权交易中促成政企合作、营造碳市场氛围的新要求。

1. 政府方面——营造氛围是关键

在环保问题上，没有哪个是纯粹的管理者。现阶段，我国经济高速发展、工业化总水平仍处理中等水平，政府甚至都不能达到一个中立者的态度，各级政府尤其是地方政府中仍倾向于追求 GDP 发展。环境保护仅仅是政府实现政绩众多目标中的一个，但一定不是最优先考虑的目标。因而，法律制度安排在建立碳减排交易体系时至关重要。而对于地方性的制度安排，一个核心要素就是地方政府的意愿。

根据本研究构建政企合作博弈模型，方程（2）可知，为推动碳排放权交易，政府付出包括制度创新营造交易环境、资金补贴、技术人才扶持、税收减免等投入，并以社会效应的形式影响区域减排效果。随着碳排放权交易理念的不断普及、经济制度的转型成功，碳排放权交易市场氛围基本形成，此后因政府投入而产生的社会效益水平减慢。即短期政府行为导致的社会效应增加，长期政府产生的社会效应增加放缓，短期政府投入递增，长期由于减排观念形成、制度完善，低碳社会效应 $\gamma S(t) - \tau S(t)^2$ 将远大于政府投入成本 $\mu_G L_G^2(t)$。因此，为企业创造更好的碳排放权交易发展环境，政府需要立足长远，加大营造氛围的投入，避免追求个人业绩及执政地位。

通过北京市政企合作现状分析以及周口店成功完成首例碳交易案例模拟，政府应为扫除各行业参与碳交易存在的障碍，不断完善市场交易运作制度环境，建立起相关统计、排放监测、核查、评价和考核制度；不断建立碳市场运行的相关法律法规、标准、政策、环境等配套条件，缓解企业对政府信用问题、执行能力等顾虑；各司其职，划清各方权利义务，保证履约，保持契约精神；统筹兼顾全国范围内配额分配方法的统一性、衔接性和规范性，促成全国碳排放权交易市场建立与完善。

2. 企业方面——"内外兼修"是关键

碳交易是企业碳排放的驱动力，有助于企业完成政府履约目标考核。对于企业实现碳排放权交易，北京拥有先天的地理优势、资源优势及完善的碳交易产业链，无论是金融机构、碳资产管理公司、大型央企总部，还是全国碳市场的设计团队等未来可持续碳金融产品研发的重要利益相关方都在北京。企业应利用优势导向，落实企业社会责任，逐步进入碳交易市场。

本研究构建政企合作博弈模型，短期内，企业在生产技术、产品设计、经营管理、营销推广、碳排放交易费用等碳排放权交易投入为 $\mu_E L_E^2(t)$，£ $\neg L_E(t) \geqslant 0$。正常情况下边际成本先减少后增加，但是碳排放权交易中随着企业努力程度的增加，低碳投入越多，带来的产量增加不明显，但生产成本相对之前多得多，其边际成本递增。一方面，购买二氧化碳排放权直接增加了产品的生产成本；另一方面，实施碳排放权交易又抬高了企业生产活动过程中所需能源的价格，这又助推了生产成本的增加。这无疑倒逼企业加强内部技术改革、人才培养等，由内而外促进企业主动实施碳排放权交易，同时加强对外交流联系，盘活企业碳减排量。

由于碳排放权的稀缺性，若经济主体有较高额度的初始配额或者有先进的技术，那么这些经济主体可以与其他经济主体交易以获取利润。一方面，政府出于产业政策的考虑，在不同的产业之间分配的初始额度有差异性，获得较高额度的行业可以将剩余额度以市场化模式出售给其他行业，从而获得利润。另一方面，先进技术能够控制经济主体的总体碳排放量，从而使经济主体拥有相对更多的排放指标，出售剩余指标以获得利润。正如北京周口店林业碳汇交易项目，碳排放权交易双方为周口店 8 个村的相关土地流转的农民和深圳招银国金投资有限公司，通过造林项目，产生生态价值的同时利用其产生的碳排放总量获得利润。

因此，企业应逐渐形成"创新、协调、绿色、开放、共享"的企业发展理念；从碳排放的角度摸清家底，理清历史排放数据，以便确定碳排放配额；碳交易是一个专业性很强的领域，进入碳交易市场，企业需要摸石头过河，不断积累经验，学习经验单位，并且不断吸收、培养专业人才，储备专业知识及管理技能；在坚持"引进来"的同时要积极"走出去"相结合，加强与政府相关部门、国内外专业机构、高校和科研机构的沟通交流，助力企业系统的碳资产管理；结合自身实际，积极参与碳资产项目开发、融资业务、优化管理，通过碳金融手段盘活碳资产以应用于日常的生产经营管理，通过低碳发展和节能技术改造，出售配额或减排量获得额外经济收益；在碳排放权交易中，逐步实现以公平合理利益分配方式，促进政企合作互动共赢，让政府主动扶持，企业主动减排交易，逐渐化"碳成本"为"碳机遇"。

3. 政企合作——利益分配是基础

通过对北京市碳排放权交易及政企合作现状分析，碳排放权交易中政企合作是必然趋势。对此，推动社会经济可持续发展，最大程度燃起政府和企业低碳发展热情，亟待一种有效的管理机制。作为社会公众利益的代表，北京市政府有义务激励生产企业加大低碳投入，引导碳排放降低，也有义务提供良好的政治、经济条件，推动区域发展方式转变。低碳发展具有明显的外部性，企业成本增加而收益减少，短期内并不能将核心的减排成果转化为企业内部收益，造成了企业参与碳排放权交易的积极性普遍不高。通过合作博弈来分配索取的剩余利益，政府与企业在共同利益目标的驱使下形成合作。

为促进碳排放权交易中政企合作，本书基于 Shapley 值法解决政企合作利益分配问题，其合作后可分配的最大化收益分别为：政府所获得收益为 $\phi_G(v)$，

企业所获得收益为 $\phi_E(v)$，即在碳排放权交易中，政府和企业在共同减排投入后终将获得一定的剩余利益分配，政府和企业无论获得的是直接利益还是间接利益，在低碳经济背景下，这无疑将是政企选择持续合作减排的原因。在公平、合理的利益驱动下，政府不再是被动地、义务式地低碳投入以期获得政绩，而是主动营造碳交易氛围；企业减排投入将获得可观的企业利益，企业碳减排积极性提高。碳排放权交易市场将逐渐形成政企合作的良性循环，环境问题将以市场手段得以解决。

北京周口店造林项目完成首例碳交易，获得了经济效益、生态价值及社会效益。该项目的减排主体是周口店所涉及的 8 个村，最终将所获收益分配给所涉及 8 个村村集体，同时这是北京碳市场林业碳汇交易的关键一步，也是建立城乡生态补偿市场化机制的里程碑。公平、合理的利益分配是政府和企业成功合作并使区域内碳减排稳定发展的基础，因此，碳排放权交易中政府和企业应资源共享，建设成果同收获，剩余利益合理分配，为政企合作持续稳定发展提供保障。

（二）研究展望

第一，本书构建碳排放权交易中政企合作博弈和利益分配的概念模型，而碳排放权交易是一个新兴研究热点，2017 年将逐步完成全国统一的碳排放权交易市场，碳排放权交易仍然处于初级阶段，有关碳交易的实践案例及交易数据比较少，相关案例分析、定量分析有待进一步深化和完善。

第二，从政企合作的角度研究如何推动碳排放权交易是一个新的视角，相关前人研究较少，尤其是相关定量分析研究和定量模型研究较少，还存在很大的研究空间。

第三，低碳发展、政企合作是动态过程，随着碳排放权交易观念不断深入，政府和企业支持、参与碳排放权交易方式的转变，其合作博弈及利益分配方式也需要随着发展不断创新和完善。

参考文献

[1] 刘鹏. 习近平生态文明思想研究 [J]. 南京工业大学学报 (社会科学版)，2015，(3):21—28.

[2] 周光迅，周明. 习近平生态思想初探 [J]. 杭州电子科技大学学报（社会科学版），2015，(4):35—40.

[3] 周宏春. 试论生态文明建设理论与实践 [J]. 生态经济，2017,33(4): 175—181.

[4] 田学斌. 实现人与自然和谐发展新境界——认真学习领会习近平总书记生态文明建设理念 [J]. 社会科学战线 ,2016,8:1—14.

[5] 黄承梁. 走进社会主义生态文明新时代 [J]. 红旗文稿，2018.3:23—25.

[6] PanJiahua. Ecological Civilization:A New Development Paradigm[J].*China Economist*，2015,10(4):44—71.

[7] 杜昌建. 习近平生态文明思想研究述评 [J]. 北京交通大学学报（社会科学版），2018,17(1):151—158.

[8] 陈俊，张忠潮. 习近平生态文明思想 : 要义、价值、实践路径 [J]. 中共天津市委党校学报，2016，(6)：19—26.

[9] 汪霖. 习近平生态文明思想源流研究 [D]. 杭州 : 浙江工商大学，2017:33.

[10] 胡倩，习近平生态文明思想研究 [D]. 杭州 : 浙江理工大学，2017:35.

[11] 庄贵阳. 新时代中国特色生态文明建设的核心要义 [J]. 企业经济，2018，(6)：5—10.

[12] Maurizio Marinelli. How to Build a 'Beautiful China' in the Anthropocene. The Political Discourse and the Intellectual Debate on Ecological Civilization[J]. *Journal of Chinese Political Science*,2018,23(3): 365—386.

[13] Hansen, MH. Liu, ZH. Air Pollution and Grassroots Echoes of "Ecological

Civilization" in Rural China[J].*China Quarterly*,2018,(234):320—339.

[14] Pow, C. P. Building a Harmonious Society through Greening: Ecological Civilization and Aesthetic Governmentality in China[J].*Annals of the American Association of Geographers*, 2018,108(3): 864—883.

[15] InSuk Jung. A study on the influence of xi jinping's press on the chinese society,with emphasis on the major press release on governing by law, anti-corruption movement, and the chinese dream[J]. *Asia-pacific Journal of Multimedia Services Convergent with Art, Humanities, and Sociology* ,2017,7(3):191—201.

[16] 万鹏，谢磊（责编）.专家学者谈习近平生态文明思想.人民论坛网［EB/OL］.http://theory.people.com.cn/n1/2017/1206/c40531-29688503.html [2017-12-06]

[17] 黄承梁.系统把握生态文明建设若干科学论断 [J].东岳论丛 ,2017,38(9):12—17.

[18] 胡鞍钢.绿色发展构建中国特色生态文明之路 [N].北京日报 ,2015-11-18(3).

[19] 谢振华.我国生态文明建设的国家战略 [J].行政管理改革，2013,6:9-15.

[20] 庄贵阳.生态文明的发展范式与城市绿色低碳发展 [J].企业经济，2016,(4):11—15.

[21] 张云飞，李娜.习近平生态治理新理念的科学意蕴 [J].湖湘论坛，2016,(4):5—9.

[22] 潘家华.新时代生态文明建设的战略认知、发展范式和战略举措 [J].东岳论丛 ,2018,39(3):14—20.

[23] Takashi Onishi. A capacity approach for sustainable urban development: an empirical study[J]. *Regional Studies*,1994,28（1）.

[24] Cristina Serbanica, Daniela-Luminita Constantin. Sustainable cities in central and eastern European countries moving towards smart specialization[J]. *Habitat International*,2017,68.

[25] Goebel A. Sustainable urban development low-cost housing challenges in south Africa[J]. *Habitat International*, 2007, 31（3）:291—302.

[26] Myllyla S., Kuvaja K. Societal premises for sustainable development in large southern cities [J]. *Global Environmental Change*, 2005, 15（3）:224-237.

[27] 杨建辉,任建兰,程钰,等.我国沿海经济区可持续发展能力综合评价 [J].经济地理,2013,33（09）:13—18.

[28] Dong S. Institutional development for sustainable rangeland resource and ecosystem management in mountainous areas of northern Nepal[J]. *Journal of environmental management*, 2009, 90（2）:994—1003.

[29] Vander Velde M. Sustainable development in small island developing states:agricultural intensification, economic development, and freshwater resources management on the coral atoll of Tongatapu[J]. *Ecological Economics*,2014, 61（2）:456—468.

[30] Bice Cavallo, Livia D'Apuzzo, Massimo Squillante. A multi-criteria decision making method for sustainable development of Naples port city-area [J]. *Quality & Quantity*, 2015, 49（4）:1647—1659.

[31] 檀菲菲,张萌,李浩然,等.基于集对分析的京津冀区域可持续发展协调能力评价 [J].生态学报,2014,34（11）:3090—3098.

[32] 张达,何春阳,邬建国,等.京津冀地区可持续发展的主要资源和环境限制性要素评价——基于景观可持续科学概念框架 [J].地球科学进展,2015,30（10）:1151—1161.

[33] 成福伟,张月丛.基于能值分析的京津冀生态支撑区绿色可持续发展评价——以河北承德为例 [J].河北大学学报(哲学社会科学版),2016,41（04）:106—113.

[34] 周伟,马碧云.京津冀产业分工与可持续发展的实证分析 [J].商业经济研究,2017（03）:208—210.

[35] 何砚,赵弘.京津冀城市可持续发展效率动态测评及比较研究——基于超效率 CCR-DEA 模型和 Malmquist 指数的度量 [J].工业技术经济,2017,36（11）:29—36.

[36] 何砚,赵弘.京津冀城市可持续发展效率收敛性及影响因素研究 [J].当代经济管理,2018,40（02）:17—24.

[37] 郝大江,田秀杰.基于要素不完全流动性视角的可持续发展问题研究——京津冀协同发展战略的路径选择 [J].广东社会科学,2018（03）:35—43.

[38] 刘震.面板数据灰色关联模型研究及其应用 [D].南京航空航天大学,2012.

[39] 陈友军,何洪英.一种改进的灰色关联度算法及其推广应用 [J].计算机工程与应用,2015,51（22）:130—133+227.

[40] 李刚,程砚秋,董霖哲,等.基尼系数客观赋权方法研究 [J].管理评论,2014,26（01）:12—22.

[41] 王少英,刘丽英,邱双月,等.湖北省区域可持续发展水平的实证分析 [J].数学的实践与认识,2016,46（05）:291—296.

[42] 孙雪莲.区域自然资源-经济复合系统可持续发展预警指标体系构建 [J].统计与决策,2013(14):21—24.

[43] 倪鹏飞,王雨飞,丁如曦.中国大城市综合发展水平的层级与方阵——基于新发展理念的测度与分析 [J].城市与环境研究,2017（04）:3—26.

[44] 王雨飞,王光辉,倪鹏飞.中国城市可持续竞争力水平测度研究 [J].经济纵横,2018（09）:99—111.

[45] 孙湛,马海涛.基于 BP 神经网络的京津冀城市群可持续发展综合评价 [J].生态学报,2018,38（12）:4434—4444.

[46] 马驿.云南省绿色经济发展评价指标体系研究 [J].西南民族大学学报(人文社科版),2018,39（12）:128—136.

[47] 杜倩倩,于博,李宗洋.北京市绿色发展指标体系设计与实证评价——以怀柔绿色发展进程评价为例 [J].安徽农业科学,2018,46（29）:215—220.

[48] 张洪福,宋胜帮,屈维意.基于熵视角的南京城市生态环境系统可持续发展能力研究 [J].生态经济,2016,32（06）:168—173+195.

[49] 陈百明.发展之要 统筹之本 生态之基——展望土地整治工作新趋势 [J].中国土地,2012（03）:1.

[50] 洪大用.科学理解生态文明 努力建设美丽中国 [J].中国高等教育,2013（19）:9—12.

[51] 江若琰.企业与生态环境保护协调发展问题研究 [D].郑州大学,2014.

[52] 熊磊,胡石其.长江经济带生态环境保护中政府与企业的演化博弈分析 [J].科技管理研究,2018,38（17）:252—257.

[53] 周伟.生态环境保护与修复的多元主体协同治理——以祁连山为例 [J].甘肃社会科学,2018（02）:250—255.

[54] 纪涛.关于进一步加强长江退田（垸）还湖的建议 [J].中国环境管理,2017,9（06）:108—109.

[55] 张波. 用制度保护生态环境 [J]. 城乡建设, 2014（02）: 1.

[56] 张东. 生态文明视阈下企业绿色发展研究 [D]. 西南大学, 2013.

[57] 钭晓东, 黄秀蓉. 民营企业绿色发展战略研究 [J]. 改革与战略, 2006（01）: 42—44.

[58] 郭吉安, 曾学东. 重庆市中小型企业绿色发展战略的意义及对策 [J]. 重庆环境科学, 2003（10）: 87—89.

[59] 陆小成. 基于城市绿色转型的企业低碳创新协同模式 [J]. 科技进步与对策, 2015, 32（04）: 67—71.

[60] 伊静, 李军蕊. 贯彻绿色发展观念, 强化企业绿色管理 [J]. 中国矿业, 2009, 18（09）: 53—55.

[61] 傅为忠, 边之灵. 区域承接产业转移工业绿色发展水平评价及政策效应研究——基于改进的 CRITIC-TOPSIS 和 PSM-DID 模型 [J]. 工业技术经济, 2018, 37（12）: 106—114.

[62] 陈婕. 基于绿色发展的中国经济综合绩效评价体系研究 [J]. 贵州财经大学学报, 2018（05）: 104—110.

[63] 廖中举, 李喆, 黄超. 钢铁企业绿色转型的影响因素及其路径 [J]. 钢铁, 2016, 51（04）: 83—88.

[64] 陈程. 公共管理制度创新与市场经济的相关性研究 [J]. 商业经济研究, 2015（36）: 109—110.

[65] 舒慧颖. 基于生态文明的企业社会责任研究 [D]. 中南林业科技大学, 2013.

[66] 卢代富. 公司社会责任与公司治理结构的创新 [J]. 公司法律评论, 2002（00）: 34—45.

[67] 屈晓华. 企业社会责任演进与企业良性行为反应的互动研究 [J]. 管理现代化, 2003（05）: 13—16.

[68] 王茂林. 西部大开发必须加强资源、生态环境的法律保护 [J]. 甘肃政法成人教育学院学报, 2005（04）: 116—117.

[69] 黎友焕. 企业社会责任研究 [D]. 西北大学, 2007.

[70] 马强强. 企业生态责任: 生态伦理视野中的企业责任 [J]. 前沿, 2011（03）: 176—178.

[71] 刘素杰, 李海燕. 当代企业生态责任履行: 伦理困境与实现思路 [J]. 河

北学刊，2013，33（04）：230—234.

[72] 张鹏，李钊，谢登辉．企业社会责任与企业价值的相关性研究——以中石油、中石化和中海油为例 [J]．中国商贸，2014（02）：48—49.

[73] 李剑玲．生态文明建设中企业社会责任管理创新研究 [J]．云南社会科学，2016（04）：75—78.

[74] 赵美艳．浅析完善社保转移接续 促进人力资源流动的意义 [J]．现代经济信息，2014（02）：51.

[75] 邢秀凤，王琦，陶国栋．对"限塑令"政策效应的分析与延伸思考 [J]．生态经济，2009（03）：184—187+190.

[76] 陶林．浅谈环保理念下的港口航道疏浚工程 [J]．中外企业家，2018（34）：126.

[77] 皮建才，仰海锐．京津冀协同发展中产业转移的区位选择——区域内还是区域外？ [J]．经济管理，2017，39（07）：19—33.

[78] 李惠茹，丁艳如．京津冀生态补偿核算机制构建及推进对策 [J]．宏观经济研究，2017（04）：148—155.

[79] 杨妍．环境公民社会与环境治理体制的发展 [J]．新视野，2009（04）：42—44.

[80] 常纪文．"代价"中国亟需"创新"与"平衡"[J]．环境保护，2011（09）：28—29.

[81] 刘法，苏杨，段正．京津冀城市群一体化发展应成为国家战略 [J]．中国发展观察，2014（02）：33—37.

[82] 肖金成．人的城镇化：新型城镇化的本质 [J]．探索与争鸣，2013（11）：16—19.

[83] 叶堂林．京津冀协同发展面临的突出问题与实现路径分析 [A]．北京市社科联、天津市社科联、河北省社科联．京津冀协同发展的展望与思考——2014 年京津冀协同发展研讨会论文集 [C]．北京市社科联、天津市社科联、河北省社科联：北京市社会科学界联合会，2014：5.

[84] 丛屹．齐普夫法则在京津冀协同发展研究中的运用——一个研究进展的综述和思考 [A]．北京市社科联、天津市社科联、河北省社科联．京津冀协同发展的展望与思考——2014 年京津冀协同发展研讨会论文集 [C]．北京市社科联、天津市社科联、河北省社科联：北京市社会科学界联合会，2014：6.

[85] 白翠玲，李占乔，苗泽华 . 京津冀区域旅游发展中政府合作机制研究 [J]. 商业时代，2008（18）：93—94.

[86] 王缉慈 . 创新的空间 [M]. 北京：北京大学出版社，2001.69—78.

[87] 汪秀婷 . 对我国汽车企业间竞争与合作的思考 [J]. 汽车与社会（北京），2002,（5）：32—34.

[88] Iur Christof Truniger. 通过合作而获利——论中小企业的合作形式 [J]. 工业经理人，2002,（9）：62—64.

[89] 李新春 . 企业联盟与网络 [M]. 广州：广东人民出版社，2000：78—95.

[90] 桂萍，龚胜刚，彭华涛 . 合作、不完备契约与准租 [J]. 武汉理工大学学报（信息与管理工程版），2002（06）：87—90.

[91] Jr D J K, Ireland R D, Snow C C. Strategic entrepreneurship, collaborative innovation, and wealth creation[J]. *Strategic Entrepreneurship Journal*, 2003, 1(3-4):371—385.

[92] 梁浩 . 企业网络理论的现状及国内研究中的困境 [J]. 江淮论坛，2006（03）：33—37.

[93] 贾若祥，刘毅 . 企业合作在我国区域发展中的作用 [J]. 人文地理，2004（03）：31—35.

[94] 李柏洲，高硕，企业合作型原始创新互惠共生伙伴选择研究 [J/OL]. 哈尔滨工程大学报：1-7[2019-03-29]. http：//kns.cnki.net/kcms/detail/23.1390.U.20181223.1611.006.html.

[95] 殷存毅，刘婧玥 . 所有制区隔与跨域合作创新——基于 2005-2015 京、沪、深三大城市专利数据分析 [J]. 中国软科学，2019（01）：82—97.

[96] Hermann Haken. Synergetics of brain function[J]. *International Journal of Psychophysiology*,2005,60(2).

[97] 王得新 . 我国区域协同发展的协同学分析——兼论京津冀协同发展 [J]. 河北经贸大学学报，2016，37（03）：96—101.

[98] 张贵，贾尚键，苏艳霞 . 生态系统视角下京津冀产业转移对接研究 [J]. 中共天津市委党校学报，2014（04）：105—112.

[99] 孙虎，乔标 . 京津冀产业协同发展的问题与建议 [J]. 中国软科学，2015（07）：68—74.

[100] 丁梅，张贵，陈鸿雁 . 京津冀协同发展与区域治理研究 [J]. 中共天津

市委党校学报，2015（03）：102—106.

[101] Fishbein M，Ajzen I. Attitudes toward objects as predictors of single and multiple behavioral criteria[J]. *Psychological Review*，1974，81：59—74.

[102] Ajzen I. The theory of planned behavior[J]. *Organizational Behavior and Human Decision Processes*，50，1991：179—211.

[103] 常跟应 . 国外公众环保行为研究综述 [J]. 科学经济社会，2009，27（01）：79—84+88.

[104] 张康之 . 论共同行动中的合作行为模式 [J]. 社会学评论，2013（6）：3—19.

[105] 薄燕 . 合作意愿与合作能力———一种分析中国参与全球气候变化治理的新框架 [J]. 世界经济与政治，2013（01）：135—155+160.

[106] 林梅 . 合作意愿对产学研协同创新成果转化的作用 [J]. 科技创业月刊，2017，30（23）：10—12.

[107] 卢文超 . 区域协同发展下地方政府的有效合作意愿——以京津冀协同发展为例 [J] 甘肃社会科学，2018（02）：201—208.

[108] Zhang P Z. Prediction and controlling to dynamical evolution of group cooperative bame based on member's characteristics and historical information [Z]. *School of Management, Xi'an Jiaotong University*,2002.

[109] 张朋柱，薛耀文 . 博弈者认知模式与合作意愿度分析 [J]. 管理科学学报，2005（05）：5—13+41.

[110] 杨东升，张永安 . 产学研合作的系统动力学分析 [J]. 北京工业大学学报，2009，35（01）：140—144.

[111] 范从林 . 公共组织合作意愿的影响因素研究 [J]. 商业时代，2013（14）：93—95.

[112] 陈敬科 . 我国新型网络团购与传统网络购物消费者购买意愿影响因素比较研究 [D]. 西南财经大学，2012.

[113] 张振刚，李云健，宋一晓 . 上级发展性反馈对员工变革行为的影响研究——上级与下属双向沟通视角 [J]. 科学学与科学技术管理，2016，37（12）：136—148.

[114] 刘炜，樊霞，吴进 . 企业产学研合作倾向的影响因素研究 [J]. 管理学报，2013，10（05）：740—745.

[115] 刁丽琳，朱桂龙，许治．国外产学研合作研究述评、展望与启示 [J]. 外国经济与管理，2011，33（02）：48—57.

[116] 陈丹．中小企业合作创新倾向影响因素的实证研究 [J]. 山东大学学报（哲学社会科学版），2010（05）：96—102.

[117] 胡世明，林孟涛．生态型人力资本对生态经济发展的作用探究 [J]. 生态经济，2017，33（07）：87—91.

[118] 王林雪，郑莉莉，张霞．西部高新区科技人才共享的问题与对策研究 [J]. 未来与发展，2012，35（11）：69—74.

[119] 王欣欣，张京．以生态文明建设托起"美丽中国" [J]. 河北学刊，2016，36（02）226.

[120] 孟东涛．长江中游城市群省会城市高技术产业发展与合作研究 [J]. 湖北经济学院学报（人文社会科学版），2016，13（08）：39—41.

[121] 徐凤霞，张忠静．基于合作竞争视角的战略成本管理探究 [J]. 财会通讯，2015（11）：66—68.

[122] 许巍．区域煤炭资源竞争力与生态文明协调度研究 [J]. 湖北社会科学，2013（11）：89—93.

[123] 姜宏．产业集群低碳化建设路径探讨 [J]. 学术交流，2016（05）：124—130.

[124] 张波，雍华中，陈洪波．基于生态文明建设的企业低碳发展战略研究 [J]. 北京联合大学学报（人文社会科学版），2014，12（02）：113—118.

[125] 范如国，吴洋．能源价格对碳排放调节影响的 Granger 检验及层级回归分析 [J]. 统计与决策，2015（19）：115—118.

[126] 黄彬，雷阳雄，彭育辉，黄敏纯．基于低碳的虚拟企业合作伙伴选择研究 [J]. 中国工程机械学报，2016，14（01）：87—92.

[127] 刘文芝，罗丹，张波．企业生态文明建设意愿的影响因素分析 [J]. 生态经济，2016，32（05）：219—222.

[128] 熊翅新．关于新经济形势下加强校企合作的思考 [J]. 老区建设，2009（14）：21—22.

[129] 盛晓娟，张波．中小企业生态文明建设行为和实施意愿的实证研究 [J]. 生态经济，2015，31（07）：175—180.

[130] 任丙强．地方政府环境政策执行的激励机制研究：基于中央与地方关

系的视角 [J]. 中国行政管理，2018（06）：129—135.

[131] 王春晖，李平 . 政府扶持企业技术创新的政策效应分析 [J]. 科技进步与对策，2012，29（02）：106—109.

[132] 沈剑光，叶盛楠，张建君 . 我国企业参与校企合作的现实意愿及影响因素——基于 766 份样本数据的调查 [J]. 职业技术教育，2018，39（07）：33—39.

[133] 虞崇胜 . 和谐社会政治发展的动力机制和平衡机制（下）[J]. 北京联合大学学报（人文社会科学版），2008（01）：15—22+56.

[134] 姚震，陈军 . 公众参与生态文明建设逻辑关系的经济学分析 [J]. 河北地质大学学报，2018，41（06）：56—60.

[135] 杨煜舟 . 低碳物流技术应用的阻碍因素分析与激励机制研究 [J]. 纳税，2017（30）：181.

[136] 陈尧嘉 . "互联网 +"条件下的生态文明建设研究 [D]. 江西理工大学，2018.

[137] 刘娟 . 加快国有企业绿色低碳技术发展路径研究 [J]. 胜利油田党校学报，2017，30（01）：113—115.

[138] 闫莹，赵公民 . 合作意愿在集群企业获取竞争优势中的作用 [J]. 系统工程，2012，30(02)：29—35.

[139] Stavins R N.Transaction Costs and Tradable Permits[J].*Journal of Environment Economics and Management*.1995(29):133—148.

[140] GertTinggaardSvendsen,MortenVesterdalb.How to design greenhouse gas trading in the EU[J].*Energy Policy*.2010(38):1531—1539.

[141] Samuel Fankhausera, Cameron Hepburnb. Designing carbon markets Part Ⅰ: Carbon market in time[J].*Energy Policy*.2003(31):4363—4370.

[142] John Schakenbach, Robert Vollaro, ReynaldoForte.Fundamentals of Successful Monitoring, Reporting and Verification under a Cap-and-Trade Program U.S.[J].*Journal of the Air&Waste Management Association*.2006(56):1576—1583.

[143] Hyun SeokKim，Won W.Kool.Factors affecting the carbon allowance market in the U.S.[J].*Energy Policy*.2010(38):1879—1884.

[144] SchwarzeR, ZapfelP.Sulphur allowance trading and the regional clean air in centivesmarket:a comparative design analysis of two major cap-and-trade permit

programs[J].*Environment and Resource Economics*.2000(17):279—298.

[145] Catherine Boemare，Philippe Quirion. Implementing Greenhouse Gas Trading in Europe: Lessons from Economic Theory and International Experiences[J]. *Ecological Economics,Elsevier*,2002(43):213—230.

[146] Benjamin K.Sovacool.The policy challenges of tradable credits:A critical review of eight markets[J].*Energy Policy*.2011(02):575—585.

[147] Shrivastava P. Environmental Technologies and Competitive Advantage[J]. *Strategic Management Journal*,1995,(16)（Special Issue，Summer）: 183—200.

[148] Guimaraes T，Liska K.Exploring the Business Benefits of Environmental Stewardship [J].*Business Strategy and the Environment*,1995,(4): 9—22.

[149] Qinghua Zhu, Joseph Sarkis. Relationships between Operational Practices and Performance among Early Adopters of Green Supply Chain Management Practices in Chinese Manufacturing Enterprises[J]. *Journal of Operations Management*,2004(22):265—289.

[150] A. Bernard, A. Haurie, M. Vielle, L. Viguier. A two-level dynamic game of carbon emission trading between Russia, China, and Annex B countries[J]. *Journal of Economic Dynamics and Control*, 2007, 326.

[151] Rui Zhao,Gareth Neighbour,Jiaojie Han,Michael McGuire,Pauline Deutz. Using game theory to describe strategy selection for environmental risk and carbon emissions reduction in the green supply chain[J]. *Journal of Loss Prevention in the Process Industries*,2012,256.

[152] Tarek Abdallah,Ali Farhat,Ali Diabat,Scott Kennedy. Green supply chains with carbon trading and environmental sourcing: Formulation and life cycle assessment[J]. *Applied Mathematical Modelling*,2012, 369.

[153] Sara Giarola,Nilay Shah,FabrizioBezzo. A comprehensive approach to the design of ethanol supply chains including carbon trading effects[J]. *Bioresource Technology*, 2012,107.

[154] D. Abreu，F.Gul.Bargaining and Reputation[J].*Economitrica*，2000，68：85—117

[155] McAfee R Preston & McMillan John. Auctions and Bidding [J].*Journal of Economic Literature*.1987，25(2)：699—738

[156] Rubinstein Ariel.A bargaining model with Incomplete Information about Time Preferences[J].*Economitrica*，1985a，53：1151—1172

[157] Chatterjee K，Samuelson W.Bargaining under Incomplete Information[J]. *Operation Research*，1983，31：835—851

[158] 章东升，宋维明，李怒云.国际碳市场现状与趋势[J].世界林业研究,2005(10):9—13.

[159] 曹华磊.欧盟排放交易体系回顾与启示[J].金融纵横,2010(06):15—18.

[160] 李布.欧盟碳排放交易体系的特征、绩效与启示[J].重庆理工大学学报：社会科学,2010(03):1—5.

[161] 胡荣，徐岭.浅析美国碳排放制度及其交易体系[J].内蒙古大学学报(哲学社会科学版),2010(05):17—21.

[162] 姚晓芳，陈菁.欧盟碳排放交易市场发展对我国的启示与借鉴[J].经济问题探索,2011(04):36—37.

[163] 陈远新，陈卫斌，吴远谋，蔡丽红，朱齐艳，王祥.国际碳交易经验对我国碳交易市场和标准体系建立的启示[J].中国标准化,2013(04)65—68.

[164] 涂毅.国际温室气体(碳)排放权市场的发展及其启示[J].江西财经大学报,2008(02):17.

[165] 杨志，陈波.全国建立区域碳交易市场势在必行[J].学术月刊,2010(07):67.

[166] 尹敬东，周兵.碳交易机制与中国碳交易模式建设的思考[J].南京财经大学学报,2010(02):6—10.

[167] 周晓唯，张金灿.关于中国碳交易市场发展路径的思考[J].经济与管理,2011(03):82—87.

[168] 王家玮，伊藤敏子.我国碳排放权市场发展路径之研究[J].国际商务——对我经济贸易大学学报,2011(03):37—46.

[169] 郑爽.中国碳交易市场建设[J].气候变化.2014(06):9—12.

[170] 肖江文.排污权交易制度与初始排污权分配[J].科技进步与对策,2002(01):126—127.

[171] 瞿伟，李俊峰.排污许可证初始分配的若干模式分析[J].工程建设与档案,2005(05):397—399.

[172] 林云华.排污权初始分配方式的比较研究[J].石家庄经济学院学

报 ,2008(06):42—45.

[173] 普骋 , 饶蕾 , 张发林 . 欧盟碳排放交易配额分配方式对我国的启示 [J]. 环境保护 ,2009(09):66—68.

[174] 洪涓 , 陈静 . 我国碳交易市场价格影响因素分析 [J]. 价格理论与实践 ,2009(12):65—66.

[175] 王丽娜 , 朱亚兵 . 对我国碳交易定价机制的几点思考 [J]. 价格理论与实践 ,2010(09):23—24.

[176] 赵黎明 , 张涵 . 我国碳排放权交易市场风险管理问题探析 [J]. 中国市场 ,2010(41):135—137.

[177] 于定勇 . 构建中国碳排放交易体制的若干法律问题探讨 [J]. 经济研究导刊 ,2011(01):104—106,132.

[178] 孙欣 , 张可蒙 , 雷怀英 . 碳排放权交易制度有效性评价指标体系的构建 [J]. 统计与决策 ,2014(09):65—67.

[179] 刘承智 , 潘爱玲 , 谢涤宇 . 我国碳排放权交易市场价格波动问题探讨 [J]. 价格理论与实践 ,2014(08):55—57.

[180] 张秋莉 , 门明 . 企业碳交易的有效性——基于中国 A 股上市公司的实证研究 [J]. 山西财经大学学报 ,2011,09:9—17.

[181] 蔡伟琨 , 聂锐 . 低碳供应链发展的制度安排——基于对政府和企业的博弈均衡分析 [J]. 商业时代 ,2012,03:24—25.

[182] 李友东 , 赵道致 , 夏良杰 . 低碳供应链环境下政府和核心企业的演化博弈模型 [J]. 统计与决策 ,2013,20:38—41.

[183] 何丽红 , 王秀 . 低碳供应链中政府与核心企业进化博弈模型 [J]. 中国人口 . 资源与环境 ,2014,S1:27—30.

[184] 贺胜兵 , 周华蓉 , 田银华 . 碳交易对企业绩效的影响——以清洁发展机制为例 [J]. 中南财经政法大学学报 ,2015,03:3—10+158.

[185] 万育红 , 霍小江 , 程浩 . 碳交易体系下发电企业的排放风险决策 [J]. 矿业安全与环保 ,2014,01:80—82+86.

[186] 曹爱红 , 韩伯棠 , 齐安甜 . 低碳经济下政企的动态博弈分析 [J]. 生态经济 ,2011,03:74—78.

[187] 张立杰 , 苗苗 . 低碳经济背景下中国企业碳交易博弈模型初探 [J]. 企业经济 ,2012,02:57—61.

[188] 纪明 . 国际碳交易的显示偏好博弈分析 [J]. 工业技术经济 ,2012,06:87—93.

[189] 赵黎明 , 陈喆芝 , 刘嘉玥 . 低碳经济下地方政府和旅游企业的演化博弈 [J]. 旅游学刊 ,2015,01:72—82.

[190] 李晓清 . 我国碳排放权交易会计问题研究 [D]. 沈阳大学 ,2016.

[191] 谢识予 . 经济博弈论 [M]. 上海 : 复旦大学出版社 .2001.

[192] 张维迎 . 博弈论与信息经济学 [M]. 上海 : 上海人民出版社， 1996.

[193] [194] 候定丕 . 博弈论导论 [M]. 合肥 : 中国科学技术大学出版社 , 2004.

[195] 李博 . 我国企业碳排放会计处理的设计 [D]. 首都经济贸易大学 ,2015.

[196] 褚晗旭 . 碳排放权初始计量问题研究 [D]. 东北财经大学 ,2016.

[197] 赵黎明 , 陈喆芝 , 刘嘉玥 . 基于微分对策的政企合作低碳策略 [J]. 系统工程 ,2016,(01):84—90.

[198] 谷慧玲 , 张尧 , 石蔚 . 低碳经济下企业环境责任成本控制探究 [J]. 财会通讯 ,2016(5):67—69.

[199] 罗丹 , 张波 . 基于企业碳交易意愿度的政企决策博弈分析 [J]. 北京联合大学学报 ,2016,(03):78—82.

附录一：京津冀企业生态文明建设合作意愿调查问卷

亲爱的企业界朋友：您好！

非常感谢您能抽出宝贵时间帮助我们完成此次调查任务！本调查问卷旨在了解基于京津冀企业生态文明建设合作意愿影响因素，从而开展学术研究。研究成果将为政府制定相关政策提供基础数据，希望能为贵企业发展提供参考。

我们将对您所填写的问卷信息严格保密，只在本研究范围内作为统计和分析使用；本问卷的设计具有自主知识产权，也请不要外流。

回答问题时，请您在确认的选项前画（√），如果没有特殊说明均为单选题；如果选择"其他"，请在其后的空格处填写，感谢您的参与、支持和贡献！

一、企业基本信息

1.您的性别：□ 男 □ 女

2.您的年龄：□ 30 岁以下 □ 31—40 岁 □ 41—50 岁 □ 40—50 岁 □ 51 岁以上

3.您（企业负责人）的学历：

□ 高中（中专）及以下 □ 大学本科 □ 硕士研究生 □博士研究生 □海外留学归来人员

4.贵公司企业性质：

□国有企业 □集体企业 □合资企业 / 中外合资企业 □外商独资 □私营企业

□股份有限公司 □有限责任公司 □合伙企业 □个人独资企业

5.贵公司所在行业：

□农林牧渔业 □采矿冶金业 □加工制造业 □石油化工业 □纺织服装业 □电子通信 IT 业

□物流交通运输业 □批发零售业 □房地产业 □文化教育业 □其他

——————

6.贵公司是何种类型的企业：

□劳动密集型 □资本密集型 □技术密集型 □不清楚 □其他 _____

7.贵公司最近三年的平均销售收入：

□1亿元以上 □5000万元至1亿元 □3000万元至5000万元 □1000万元至3000万元

□500万元至1000万元 □300万元至500万元 □100万元至300万元 □100万元以下

8、贵企业现有的员工人数（包括正式员工和长期雇佣的临时工）为：

□5000人以上 □2000人至5000人 □300人至2000人 □300人以下

9、贵企业是否为政府认定的高新技术企业：□是 □否

10、贵企业研发人员占员工总数的比例：

□30%上 □20%—30% □10%—20% □10%以下

第二部分 京津冀企业生态文明建设合作行为现状

请根据贵企业的实际情况做出选择

贵企业与京津冀区域内其他企业之间进行了合作 □是 □否
在日常经营过程中，贵企业是否有明确的渠道与其他企业进行资源、技术、人才等方向的合作 □是 □否
贵企业是否通过高校、科研机构等媒介作用与其他企业进行资源、技术、人才等方向的合作 □是 □否
贵企业负责人是否与京津冀区域内其他企业负责人进行信息交流 □是 □否
贵企业技术研发人员是否与京津冀区域内其他企业技术研发人员进行信息交流 □是 □否
贵企业工人是否与京津冀区域内其他企业的工人进行信息交流 □是 □否

第三部分 京津冀企业生态文明建设合作意愿影响因素评估量表

答案"1—7"表达你对题目看法的程度，分值表示从"完全赞成"向"极

不赞成"依次渐进，请根据您的实际情况用"√"选择。

（1）企业自身发展需求因素

编号	项目	完全赞成 → 极不赞成						
		7	6	5	4	3	2	1
1	企业产品通过国际或国内相关部门的低碳认证对企业合作意愿有影响							
2	企业对与其他企业进行资源、人才、技术等的共享感兴趣							
3	企业对生态环境保护的重视程度对企业合作意愿有影响							
4	企业有环保系列产品或开发绿色新产品对区域内企业合作意愿有影响							
5	企业的技术创新对企业合作意愿有影响							
6	企业技术人员占比对企业合作意愿有影响							
7	企业负责人的决策能力对企业合作意愿有影响							
8	企业员工素质对企业合作意愿有影响							
9	生产过程中，企业有明确排放标准对区域内企业合作意愿有影响							

（2）外部环境影响因素

外部经济影响	完全赞成 → 极不赞成						
	7	6	5	4	3	2	1
参与企业合作对企业在节能减排方面的费用有影响							
企业对合作能否为企业生态文明建设带来收益表示不确定							
企业扩大市场销售额对企业合作意愿有影响							
社会影响							
环保、生态产品未来有光明的市场前景对企业合作意愿有影响							
企业的社会形象好坏对企业合作意愿有影响							
公众为通过环保认证产品支出情况对企业合作意愿有影响							

续表

外部经济影响	完全赞成 → 极不赞成						
	7	6	5	4	3	2	1
公众对绿色产品的认可程度对企业合作有影响							
公众参与企业的节能环保宣传教育或相关培训活动对企业合作有影响							
政府影响							
政府加大企业节能环保产品的税收优惠和资金扶持对企业合作意愿有影响							
政府推行环保节能政策对企业合作意愿有影响							
政府加大对碳排放超标企业的处罚力度对企业合作意愿有影响							
政府提高企业节能环保标准对企业合作意愿有影响							
技术影响							
技术创新、开发的难易程度对企业合作意愿有影响							
新技术的更新速度对企业合作意愿有影响							
意愿							
贵企业对进行企业间的生态文明建设合作有强烈的诉求；							
贵企业对进行企业间的生态文明建设合作态度不明确；							
贵企业对进行企业间的生态文明建设合作兴趣不大							

附录二：京津冀企业生态文明建设调研案例

案例1　A 公司调研报告

随着产业结构调整的深化，生态文明建设的理念逐渐深入人心，企业的生态文明建设意愿，正在经历着微妙而深刻的变化。2016 年 8 月我们赴河北省 A 公司进行了深入的调研，访谈了企业主要责任人，以期了解高污染高能耗行业的企业生态文明建设的现状和存在的主要问题。这也是本案例调查研究的主线：A 公司，作为一家工业企业，在生态文明建设方面存做了哪些工作，存在着什么问题，带给我们什么启示。

一、A 公司的生态文明建设实践

（一）通过研发新技术实现节能环保

煤矿工业的效益每况愈下，旧技术带来的利润远远不足，于是研发新技术势在必行。对煤矿行业的设备生产商而言，产品质量是第一位的，在生产环节严格把关，通过技术创新改进生产工艺，本身就是生态文明建设的一部分。"质量就是生命"在这里不是一句轻飘飘的口号，而是被事故和鲜血证明了的事实。除了防喷器外，A 公司还有一种自主知识产权的带压作业设备，实现了带压工作，减少了废弃物的排放。"过去下油管的时候，检查压力要放掉，放好几天。放掉怎么放？要么排气要么排水，地下的废气废水都会污染环境。现在我们的设备可以带着压力做。就不用（排放废气废水）了。"

（二）将旧设备更新改造减少污染物

A 公司为进一步提高矿井水处理效果，加大矿井水复用率，最大限度节约成本，经报集团公司审批唐口煤矿投资 400 多万对地面矿井水处理系统等旧设备进行改造。

由于矿井水处理效果较好，对原设计使用矿井水的地点加大矿井水处理后回用量。一是在煤场设置了防尘管路，对煤场进行冲尘；二是设置专用管路至防火注浆站，对井下采空区进行注浆；三是将地面沉淀池污泥利用污泥泵打入洗煤厂压滤机进行压滤处理，有效地回收了煤泥；四是敷设管路至矸石山和料场，利用矿井水进行矸石山和料场防尘；五是计划对地面单身宿舍楼、办公楼、地面公厕、地面绿化等用水管网开始进行改造，争取底完成，利用处理后的矿井水进行绿化和冲厕。通过管网改造，极大地提高了矿井水的回用量，对矸石山和料场、煤场扬尘进行了有效治理。煤矿洗煤水实现了闭路循环，洗煤水都是打入浓缩池，进行循环利用。就是洗煤厂生产用水百分之百循环利用，生活清水零消耗，洗煤厂的清洁污水等用水全部进入循环利用。工业场地锅炉房内安装三台蒸发量 6t/h 的无烟燃烧蒸汽锅炉，锅炉配备二次送风设施，二次风经由特殊结构参数喷嘴分层喷入，使炉膛内燃气产生强烈旋涡运行，其中飞灰在离心力的作用下，返回煤层循环燃烧，减少飞灰带出量，使锅炉烟尘浓度达标。

二、A 公司生态文明建设面临的主要困难

（一）煤炭企业面临技术创新挑战与瓶颈

近年来 A 公司以提升自主创新能力为基础，创新发展可再生能源技术、节能减排技术、清洁煤技术，大力推进节能环保和资源循环利用技术的应用。低碳经济重在碳减排，而碳减排的路径有两条，一是减排，主要是减少含碳能源消费（包括减少能源消耗总量和增加清洁能源利用比例）和提高能源使用效率二是增加碳汇，主要是利用森林来吸收并储存二氧化碳，也包括碳捕获和碳存储等技术的使用。这两途径都需要技术尤其是低碳技术作支撑，但目前发展低碳经济的技术方面存在瓶颈，成为制约低碳经济发展的最重要因素。一方面现有低碳技术仍以中低端为主，核心技术缺乏。目前 A 公司还主要是引进，自主研发还不够。另一方面缺乏激励低碳技术创新的长效动力机制，技术创新必须有相应的激励机制动力不足很难催生技术创新取得重大突破。煤炭企业的盈利目标可能是短期而不是长期，煤炭企业的短期盈利目标很难促使其放弃当前的利益而投资长远的发展；技术创新存在着极大的风险，尤其对于一个尚未成熟的新兴产业来说。未来低碳产业发展前景的不确定性，磁县 A 公司进行投资将面临巨大的风险。

（二）消费者对生态文明建设的重要性认识不足

消费者不太重视生态文明建设，并不愿意为此支付更高的价格。"比如说你这个生产过程是环保的，但你产品是一模一样的，人家不管你这个生产过程，它只看结果"，同样是两个煤矿，一个是咱们煤矿肯定是通过国家对公司的认证，说符合排放安全，还有一些中小煤矿，他们可能没有通过认证的，那同样的产品。因为煤炭的产品比较单一，走在市场上的话，那对于消费者来说，他们会选择更便宜的那家的产品，就同样咱们两个人，你也是买，我也是买，买的是一样的，你是投资了的，社会效益很好，可是我投资了，我什么也没有，我成本就低。这就导致企业陷入一个两难困境：加大生态文明建设投入会增加生产成本，影响企业的短期盈利能力；减少生态文明建设投入又会违背社会经济发展的大趋势，影响企业长期发展战略。通过技术创新提高产品性能以及设备改造升级减少污染物排放，都需要增加成本投入，这就使企业建设生态文明承受了很大的经济压力，未来如何发展也很迷茫。

三、A 公司生态文明建设经验的启示

生态文明建设，首先，应该明确保护生态环境是企业应尽的社会责任，责无旁贷。这个责任要靠具体的制度落到实处，严格执法，加大企业违法违规的成本。这些年政府部门已经出台了很多有效的措施。政府在检查过程当中发现了问题让企业整改，政府同时提供相应的支持，比如说怎么整改，新的标准。生态文明的建设势必会遇到很多不可预料的困难及阻力，这就需要企业与企业之间精诚合作，一起为人民、为社会造福，环境的优化、重污染企业的改造，这些都需要大家的共同努力。

其次，应该在明确责任的同时划分清楚政府和企业的权利界限，严格、规范执法，杜绝执法过程中的寻租现象。模糊不清或者不合理的制度，会抑制企业生态文明建设的意愿，甚至导致劣币驱逐良币的后果，产生极大的社会成本。近些年，政府出台了一系列对企业节能环保产品资金补贴和税收优惠的政策，但是这些政策执行受到很多条条框框的约束，落实起来比较困难。更重要的是，要通过制度设计，让企业生态文明建设成为一件有利可图的事情，而不是纯粹的责任和义务。只有进一步加大对企业节能环保产品的税收优惠和资金扶持，并把这些政策落到实处，同时通过树立绿色环保的社会风尚，引导绿色消费，企业才能真正从生态文明建设中获得利益，推行节能环保将让政府和企业之间

更融洽。

党的十七届四中全会把生态文明建设提升到与经济建设、政治建设、文化建设、社会建设并列的战略高度，也就是说生态文明建设是"五位一体"建设目标的重要组成部分。"五位一体"建设目标就像五根巨大的支柱，共同支撑着中国社会的全面进步。加强部门协作，环境保护部门是推动环境保护事业发展的"总体设计部"，其他有关部门是环境保护事业的共同建设者。要加强环境保护部门的机构、队伍和能力建设，进一步完善环境保护统一监督管理体制。健全公众参与机制。以人与自然和谐共存为主线，推动整个行业走上生产发展、生活富裕、生态良好的文明发展道路。

案例 2　B 公司生态文明建设调查

随着产业结构调整的深化以及环境保护意识的加强和环境保护政策的推动，近年来企业日益重视践行习近平生态文明建设思想。2018 年 7 月我们赴 B 公司进行了深入的调研，访谈了企业主要责任人，以期了解玻璃制造业企业生态文明建设的现状和存在的主要问题。

一、B 公司生态文明建设实践

（一）尽可能采用回收玻璃回炉生产

社会上各种废玻璃，包括平板 玻璃、瓶罐、医用玻璃等，收回的各种废玻璃被送到碎玻璃加工厂加工后，再送到玻璃厂作为原料投入生产。整个废旧玻璃的回收再利用已形成一个完整的系统，可以有效地节约能源和资源，降低成本，促进环境保护

限于京津冀环境保护需要，从 2016 年起，河北当地限制开采玻璃制作的的原材料石英砂。B 公司限于此条规定，一方面从外地如广西北海等地购买原材料，另一方面则积极回收废旧玻璃产品进行回炉生产，目前 B 公司对废旧玻璃回收使用占比已经达到 20% 左右。

（二）采用国内较为成熟的减排方法

B 公司在工业"三废"处理上主要面临的减排任务是减少废气排放。生产过程中产生的其他二废，即废水和废渣，在该厂中占比较小。废水已经得到循环利用，排出量很少。针对影响京津冀区域环境问题较大的废气排放，该公司

在减排过程中采用了国内目前较为成熟的 SCR 脱硝、双碱法脱硫等技术减少废气排放。鉴于其他减排技术要么技术不成熟，要么成本过高，都被该公司摒弃；同时，全厂共用一个烟囱，集中处理废气排放。就所使用的燃料而言，在生产过程中该企业较早就花费近千万元采用"煤改气"技术，大大降低了能源使用过程中的废气排放。"煤改气"技术目前已经比较成熟，据受访企业反映"煤改气"后企业的燃料成本增加量并不大。

二、B 公司生态文明建设面临的主要困难

通过访谈，我们了解到，在生态文明建设过程中，B 公司也面临着一些难题，在很大程度上抑制了企业生态文明建设的积极性。

（一）政府对生态文明建设支持力度不够

据受访企业反映以及课题组成员的调研，我们发现政府在生态文明建设中支持力度不够，主要涉及废玻璃回收支持政策缺乏、潜在的排放税征收过高、"严管控、少服务"、检查过于频繁等问题。

习近平在 2017 年 4 月 18 日主持召开中央全面深化改革领导小组第三十四次会议上强调"要加强固体废物回收利用管理，发展循环经济"。废玻璃是一种数量大、价值低、包装和运输费用高，而又不安全、利润很低的商品，废旧物资部门一般不愿经营；同时由于回收措施、行政立法、分选加工技术和设备都还存在一些问题，致使废玻璃的回收利用率很低。政府在引导企业发展循环经济，建设生态文明的过程中并没有给予废玻璃回收企业和玻璃生产企业更多支持；一方面政府强调了环境保护的重要性，河北等地禁止开采石英砂原料，另一方面却没有积极在政策上引导企业扩大回收利用废旧玻璃。这必然导致玻璃生产企业采购成本增加的同时废玻璃回收利用不足。

受访企业反映从 2018 年起开始缴纳排放税。按照现在的政策，排放达标企业将有减免优惠，但即便是在减免的情况下排放税也比往年的排污费高，企业担心过两年后减免政策取消的话排放税将会翻番，超出企业的承受能力范围。随着国家和地方排放标准的不断提高，企业必须要加大环保设备更新投入。企业在环保费用上的增加在市场上并没有得到回报。据 B 公司反映，其生产的玻璃产品市场价格增幅赶不上环保投入的增长速度。

目前河北等地企业环保意识浓厚，主要公司领导都亲自主抓环保建设。当地政府部门也很重视环保问题，在对重点排放行业和企业都加强管控，当地设

立的排放地方标准都要高于国家标准，政府为企业划定环保红线，并加强对重点区域的环保监控，设立多个监控设备并安排无人机昼夜飞行检查。从这方面来说，政府的环保管控工作十分严格和负责。但是，政府的环保工作陷入了"严管控、少服务"的困境。企业反映环保规定和检查越来越严，但是却没有为企业提供的相应的服务。例如上文提及的废玻璃回收利用问题，人才引进问题、错峰运输导致的产品积压问题、限电问题这些常年积弊都没有得到解决。

环保检查过于频繁也是深为企业诟病的一个问题。检查组应该更多关注环保不达标企业，而现在的情况是检查组喜欢检查环保达标的大中型企业。从另一方面看，环保监控设备众多，排放检测设备数据实时在线查看都可以让检查组了解企业污染物排放情况。按照中国的国情特点，企业负责人要陪同和招待检查组，频繁的检查让企业生产受到影响。

（二）企业缺乏减排动力

企业对节能工作的开展有着天然的兴趣，因为节能工作可以促进成本降低。但是企业对减排工作却并不热衷，仅把其视作发展负担。企业要自己承担排放在线检测设备的购买和维护费用。对于鼓励采用的天然气和电能并不热衷，主要原因在于天然气和用电使用成本分别是用煤的二倍和六倍。同时，减排激励政策缺乏，企业只是被动地接受划定的减排目标，对于达到减排目标的企业并没有分达标级别区别对待。一些减排做得好的企业在市场上也没有得到鼓励和认可。这些都导致企业认为"环保只有投入，没有产出"。

（三）消费者容易被不良企业误导

B公司在访谈过程中也对一些不良同行的做法提出质疑和批评。由于信息不对称原因，有些玻璃生产企业通过欺瞒顾客达到获得暴利的目的。例如市面上的一些企业宣扬自己企业的食品用玻璃产品不含重金属为噱头定高价，而实际上就整个玻璃行业而言，只要是食品用玻璃产品都不含重金属。

三、B公司生态文明建设经验的启示

通过对B公司的调研，我们得到一些重要的启示：政府应该根据企业实际需要给予相应经济支持，实行相关具体制度政策，同时要在外部环境上为激励企业加强环保创造更好条件。

首先，要改变废玻璃回收率低的状况，须改进两方面措施:（1）政府要扶持废玻璃利用企业，只有解决了废玻璃的利用问题，消费后的废玻璃才有进入

正常回收体系的原动力，才能促使废玻璃有序流动和循环起来；（2）政府应该推动废玻璃或玻璃瓶罐利用企业履行生产责任制度，通过立法，要求玻璃瓶罐生产厂和利用厂家共同制定回收利用责任，由政府建立机制和细则。同时，需要重点研究的问题是：在利用废玻璃的领域，在保证质量的前提下，进一步改进生产工艺，提高自动化程度和生产效率，以期不断提升经济效益。建议国家对废玻璃的回收和利用在政策和经费上予以支持。同时制定废玻璃回收的法规，建立回收利用示范点。

其次，政府要为企业健康发展保驾护航，激励环保先进企业采取更加有效措施节能减排。政府要提高服务意识，在为企业设定环保红线的同时也要积极协助企业解决技术问题和因为环保措施而导致的相关问题，比如补贴手续烦琐、补贴使用限制过多、基础设施问题等。同时也要设立环保激励措施，对于环保优秀企业应该给予放开生产等措施。适当减少检查组对企业生产的干扰，多检查不达标或未安装排放检测设备的企业，对达标企业可通过在线检查或暗访等形式。加强对企业环境保护政策的宣传，让企业意识到减排工作既有社会效益也有经济效益。

最后，企业自身也要加强自主技术创新。环保技术创新将使得企业在节能减排领域取得突破，这将使得企业引领环保技术潮流，从而在实现本企业降低成本的同时也可以通过转让该项技术获得巨大收益。企业在市场上也要加强绿色营销宣传，让消费者能获得充分信息，既避免消费者受骗又扩大了产品销量。

案例3　C公司生态文明建设调查

2018年7月，课题组一行三人赴C公司就企业生态文明建设问题进行了深入调研，访谈了企业主要责任人，了解了钢铁企业生态文明建设情况、存在的主要问题以及给予的启示。

一、C公司生态文明建设实践

（一）环保意识增强、环保观念不断转变

公司在国家产能调控的大背景下，克服重重困难，科学规划，紧紧围绕相关长期发展战略，坚持以"创新、转型、提升"为发展思路，以"绿色、安全、质量、效益"为中心工作。C公司推行"低碳经济，绿色制造"，逐步实现产品绿色化和企业绿色化的全面升级，创新驱动实现绿色转型。公司努力构建绿色制造体系，打造绿色供应链，加快建立以资源节源、环境友好为导向的绿色制造体系，强化绿色监管、加强节能监察，推进企业社会责任报告制度。

公司在生产过程中执行环保与安全并重的原则，把环保和安全放在了第一位，生产部门负责人说："在生产过程中，只要发现安全和环保问题，不用请示，可以直接停止生产。"

公司坚持"安全第一、预防为主、综合治理"的安全管理方针，落实各级各部门的安全责任，不断提高全员安全健康素质。加大监督检查与考核力度，加大投入力度，构建安全生产长效机制，完善安全生产和职业卫生管理体系。

公司建立安全管理委员会，任命专职安全副总，实现四级安全管理制度，健全安全生产制度，深化安全生产责任指标体系，层层落实安全生产责任制，层层签订安全生产责任状，层层分解安全生产目标，结合实际制订安全生产责任状检查与考核细则，确保安全生产责任落到实处。

（二）全方位的环境管理

近年来公司进一步加强能源管理体系建设，配有完整的能源计量器，生产线均配有环境节能装置，工序能耗指标符合国家和地方限额标准，能源消耗和资源综合利用符合规范条件。

2017 年，公司进一步做好绿化工作，创建绿色生态工厂，开展了综合减排治理、循环水综合治理、污水深度处理、原料大棚密闭及各工艺产尘点位治理设施的升级改造等系列工作。

（三）不断加大环保投入

公司负责人意识到加大环保投入就是提高生产力，提高企业的竞争能力，同时造福企业职工和社会，因此公司严格执行绿色生产、绿色发展的环保要求，在保障产品质量的同时，不断增强环保意识，增加环保投入。

公司相继投入近 7 亿元，连续实施了综合减排，工艺升级改造，进一步加快余热余压回收等绿色工艺技术装备，煤气发电升级改造工程项目的实施，加快了节能改造的步伐，提高了能源的二次利用，减少了浪费，创造了可观的经济效益。

同时投资近 3 亿元，利用生产过程中的废水余热，为周边的村落以及辛集市区进行集中供热，实现清洁取暖。

二、C 公司生态文明建设面临的主要困难

（一）政府环保政策缺乏灵活性和适应性，企业缺乏自主选择权

近两年，中国钢铁行业已累计化解过剩产能超 1.2 亿吨，1.4 亿吨"地条钢"产能被取缔。2018 年中国要继续化解粗钢产能 3000 万吨，这是"十三五"压减粗钢产能 1.5 亿吨上限目标的最后 20% 任务量，意味着钢铁去产能五年任务将在三年内提前完成。

就钢铁大省河北而言，2018 年要压减退出钢铁产能 1200 万吨，2019 年压减退出 1400 万吨左右，2020 年压减退出 1400 万吨左右。到 2020 年底全省钢铁产能控制在 2 亿吨以内。2018 年上半年，河北就压减了炼钢产能 1053 万吨。环保限产力度也在持续升级，尤其是京津冀及周边地区"2+26"城市，部分钢厂限产高达 50% 以上。2018 年 7 月 20 日起唐山将开启为期 43 天减排攻坚战限产，武安钢企高炉限产量由二季度的 15%—20% 上升到三季度的 25%—35%。

在这样的背景下，C 公司在限产和淘汰落后产能方面必须按照河北省的要求进行，而河北省的环保标准要高于国家的标准，一些并不是特别落后且产能利用率比较高的设备也在淘汰之类，无奈必须淘汰，另外，由于限产的要求，企业有些设备要处于停产的状态，无形中给企业造成了很大的经济损失，这些都由企业自身承担。

在极端天气情况下，尤其是秋冬季空气污染比较重的情况下，不论企业减排工作做得好与坏，一律一刀切的停产，有时停产时间较长，不仅给企业造成了经济损失，而且还增加了污染，因为钢铁企业有些设备虽然不生产产品，没有产量，但需要处于燃烧的状态，仍然会排放污染物。

另外，由中央下发的环境专项治理费用，通过多环节到达企业之后，企业缺乏自主使用权，不能自由支配，必须按照上面的要求进行支出，如果在规定的时间内未使用完，最终要收回，这种管理方式也就失去了环境治理费用应有的作用。

（二）政府缺乏相应的环保激励机制和扶持政策，企业减排压力大

钢铁企业的主要污染物主要是含硫化物，排放到空气中会对大气造成严重的污染，随着近年来国家对生态文明的重视，全国的企业都在积极响应国家号召，努力做到零排放，可是作为高能耗的重工业企业，产生大量的污染物无法避免，为了增强在同行业中的竞争力以及完成国家环保要求的目标，只能不断加大环保投入，购买各种环保设施，但在这个过程中会无形增加企业的成本负

担，使得企业效益下降，对于一些小企业来说，无力承受只能停产。而国家在这方面也只是命令要求，拿指标来进行打压，却未对其进行相应的激励与扶持措施，对于达到减排目标的企业并没有分达标级别区别对待。一些减排做得好的企业在市场上也没有得到鼓励和认可，因此，企业的减排压力较大。

对于 C 公司来说，近年来，不断加大环保投入，治理大气污染资金的投入占总投资的 10%—15%，购置各种环保设备的费用也在逐年增加，已经超过了2 亿元。这些投资均来自企业自身，在前几年钢铁行业不景气的情况下，对于企业来说是个严峻的考验。国家在这方面，只是起引导作用，没有切实的环保投资奖励或者减免相关税收的政策。

（三）政府环保工作管控严、服务少

河北相关政府部门很重视环保问题，在对重点排放行业和企业都加强管控，当地设立的排放地方标准都要高于国家标准，政府为企业划定环保红线，并加强对重点区域的环保监控，设立多个监控设备并安排无人机昼夜飞行检查，表明政府的环保管控工作十分严格和负责。但企业反映环保规定和检查越来越严，却没有为企业提供的相应的服务，如人才引进问题、错峰运输导致的产品积压问题、限电问题等都没有得到解决。而且环保检查过于频繁，倾向于检查环保达标的大中型企业，一定程度上忽视了一些环保不达标的企业，频繁的检查使企业需要专人陪同和招待检查组，让企业生产受到影响。

（四）行业协会服务力度不够，没有起到应有的桥梁和纽带作用

无论设备改造升级减少污染物排放，还是技术创新提高产品性能，都需要在技术上突破，加强技术合作可以很好地突破技术难题。技术合作包括企业之间的合作，企业和政府、高校的合作。目前这些合作都是企业根据自己的需要在做，行业协会没有很好地把企业、高校和政府结合起来。C 公司负责人介绍过程中谈道：公司就是根据自己的需要在与相关企业如德龙钢铁公司进行交流或学习，或者寻找相关的高校进行技术合作，与政府的合作较少，从行业协会获得的技术支持也很少，一个企业的力量毕竟有限，可能会导致企业在前沿技术和行业整体发展趋势的把控方面缺乏系统性、全面性和整体性，间接地也会影响到企业的发展。

三、C 公司生态文明建设经验的启示

首先，设立环保激励措施，对经济效益好、治理效果显著且企业自筹资金

落实的清洁生产项目，要积极给予奖励支持，要进一步加大对企业节能环保产品的税收优惠和资金扶持，并把这些政策落到实处。

其次，政府要提高服务意识，服务要精准化，切忌一刀切，图省事。环保达标和未达标的企业要区别对待，如对于环保优秀企业应该放开生产，适当减少检查组对企业生产的干扰，对达标企业可通过在线检查或暗访等形式，多检查不达标或未安装排放检测设备的企业。同时在为企业设定环保红线的同时也要积极协助企业解决技术问题和因为环保措施而导致的相关问题，比如补贴手续烦琐、补贴使用限制过多、基础设施问题等。

最后，充分发挥钢铁行业协会的作用，真正成为钢铁企业的纽带和桥梁。钢铁行业协会除了制定一些行业标准，组织技能大赛以及发布一些国际会议或者展览的通知外，应建立一个信息共享平台，把一些科研机构、高校、企业和相关政府纳入进来，及时发布钢铁企业的技术需求和产品的供求信息，及时发布科研机构和高校的最新科研成果及合作意向，及时发布政府对钢铁行业的环保要求等，这样不仅可以有效地调节产品的供求，避免产品雷同和产能过剩，还可以促进企业及时掌握国际领先技术，以及国内科研成果的有效转化，形成多赢的局面。

附录三：京津冀生态文明建设的政策法规制度

十八大以后落实的具体制度包括加强生态文明考核评价制度、健全基本的管理制度、建立资源有偿使用制度和生态补偿制度、建立市场化机制、健全责任追究和赔偿制度 5 个方面。全国人大及其常委会修订 7 部与环境相关的法律，对环境保护和污染防治规定堪称史上最严。由国务院联合颁布和生态环境部（原环境保护部）单独或制定的部门规章达 30 余项，如十八届三中、四中全会提出生态文明建设的各项任务；2015 年，国家出台《关于加快推进生态文明建设的意见》对生态文明建设做出全面部署，并首次明确新型工业化、信息化、城镇化、农业现代化和绿色化的"五化协同"；《生态文明体制改革总体方案》提出 2020 年建成系统完整的生态文明制度体系，推进生态文明领域国家治理体系和治理能力现代化。十八届五中全会把加强生态文明建设（美丽中国）首度写入"十三五"规划。十九大确定"美丽中国"实现的时间表（2035 年）和政策目标（生态环境根本好转），提出"构建政府为主导、企业为主体、社会组织和公众共同参与的环境治理体系"，从目标、主体、进度表述上异常明确坚定。

这些法律、规章和文件的出台，意味着我国的环境治理正在从"应急补救"状态逐渐迈向"依法循证"阶段，意味着我国生态文明建设已由价值建构转向制度建构，已由政策制度框架形成转向具体过程执行。

附录部分生态文明政策法规从国家、京津冀地区进行梳理，涵盖国家现行法律法规，北京市、天津市、河北省、政策法规和具体规章，其中大量搜集整理了河北省 11 座中心城市、地级城市的政策法规。国家法律政策多属于环境相关的管制型政策工具、市场型政策工具，并多次修改修订，地方、行业政策多以现存生态环境、需要解决的现实需求为导向，相对更具体实际。

首先对国家关于生态文明出台的相关法律和行政法规、国家环境保护部门出台的相关规章进行梳理。发现从 2016 年开始，国家生态文明政策法规进入了密集发力期。2016—2018 年相继出台了一系列重大政策法规。这种情况不仅在国内前所未有，即使在国际上也是十分少见的。这些政策法规所涉关系之重大，酝酿准备时间之长，协调难度之大，显示出这些政策法规面世的历史突破与战略跨进，更显示出我国生态文明建设的决心和信心。

其次对不同地区的生态文明法律法规进行梳理。国家层面的法律法规更多从宏观角度进行规范。但具体到地方，我国地域辽阔，不同地方产业发展重点不同，生态文明建设存在的问题和困难不同，因此存在国家层面的政策规范比较宏观，落地难，地方政府在实施过程中找不到具体抓手的问题。需要适合地方政府、适合不同行业的法规。因此我们选取了有代表性的地区，主要是京津冀地区的法规。因为京津冀地区在我国经济社会发展中具有重要的战略地位，是拉动中国经济发展的重要引擎。但该地区存在大面积雾霾频现、资源环境超载严重、生态恶化等诸多难啃的硬骨头。针对京津冀环境污染等诸多难题，2014 年习近平总书记提出要实现京津冀协同发展，大力推进生态文明建设。

总的来说，十九大以后，省市地方政策注重具体指标和评价考核相结合，北京市改革生态环境监管体制等方面，作出了具体部署任务量化到具体指标，明确考核主体和考核责任。国家、地方、各地行业政策针对细分领域突出问题，采取政策措施、指标限定，如针对国家经济发展和工业化及制造业发展带来的大气污染、水污染和土地污染问题，国家相关部门陆续颁布的大气十条、水十条和土十条等政策，有效的为细分领域的污染问题提供了处置措施，有效地加强了国家环境保护的政策落实，及国家环境友好型社会的建设。

附表 3-1　国家关于生态文明出台的的相关法律

序号	制定时间	出台政策	制定部门	制定类型
1	1954	中华人民共和国宪法（环境保护条款）	人大常委会	国家规定
2	1982	中华人民共和国宪法（环境保护条款摘录）	人大常委会	国家规定
3	1986	中华人民共和国矿产资源法（1996年修正）	人大常委会	国家规定
4	1986	中华人民共和国土地管理法（1998年修正）	人大常委会	国家规定
5	1988	中华人民共和国野生动物保护法	人大常委会	国家规定
6	1989	中华人民共和国环境保护法	人大常委会	国家规定
7	1991	中华人民共和国水土保持法	人大常委会	国家规定
8	1996	中华人民共和国煤炭法	人大常委会	国家规定
9	1998	中华人民共和国森林法	人大常委会	国家规定
10	1999	中华人民共和国海洋保护法	人大常委会	国家规定
11	2000	中华人民共和国气象法	人大常委会	国家规定
12	2000	中华人民共和国渔业法	人大常委会	国家规定
13	2000	中华人民共和国大气污染防治法第一次修订	人大常委会	国家规定
14	2000	中华人民共和国清洁能源生产法	人大常委会	国家规定
15	2001	中华人民共和国水法	人大常委会	国家规定
16	2001	中华人民共和国环境影响评价法	人大常委会	国家规定
17	2004	中华人民共和国固体废物环境污染防治法	人大常委会	国家规定
18	2005	中华人民共和国可再生能源法	人大常委	国家规定
19	2007	中华人民共和国节约能源法	人大常委会	国家规定
20	2008	中华人民共和国水污染防治法	人大常委会	国家规定
21	2008	中华人民共和国循环经济促进法	人大常委会	国家规定
22	2009	中华人民共和国循环经济促进法	人大常委会	国家规定

序号	制定时间	出台政策	制定部门	制定类型
23	2014	中华人民共和国大气污染防治法第二次修订	人大常委会	国家规定
24	2014	中华人民共和国环境保护法	人大常委会	国家规定
25	2016	中华人民共和国环境影响评价法	人大常委会	国家规定
26	2016	中华人民共和国环境保护税法	人大常委会	国家规定
27	2016	中华人民共和国节约能源法（2016年7月修订）	人大常委会	国家规定
28	2016	中华人民共和国环境影响评价法	人大常委会	国家规定
29	2017	中华人民共和国水污染防治法(2017年6月27日第二次修正)	人大常委会	国家规定

附表 3-2　国家关于生态文明出台的相关的行政法规

序号	制定时间	出台政策	制定部门	制定类型
1	1983	中华人民共和国海洋石油勘探开发环境保护管理条例	国务院	行政法规
2	1983	中华人民共和国防止船舶污染海域管理管理条列（自 2010 年 3 月 1 日起废止）	国务院	行政法规
3	1985	中华人民共和国海洋倾废管理条例	国务院	行政法规
4	1986	中华人民共和国民用核设施安全监督管理条例	国务院	行政法规
5	1987	中华人民共和国核材料管理条例	国务院	行政法规
6	1988	中华人民共和国防止拆船污染环境管理条例	国务院	行政法规
7	1990	中华人民共和国防止陆源污染物污染损害海洋环境管理条例	国务院	行政法规
8	1993	核电厂事故应急管理条例	国务院	行政法规
9	1993	中华人民共和国资源税暂行管理条例	国务院	行政法规
10	1994	中华人民共和国自然保护区条例	国务院	行政法规
11	1995	淮河流域水污染防治暂行条例	国务院	行政法规
12	1996	中华人民共和国野生植物保护条例	国务院	行政法规
13	1998	建设项目环境保护管理条例	国务院	行政法规
14	2000	中华人民共和国水污染防治法实施细则	国务院	行政法规
15	2002	危险化学品安全管理条例	国务院	行政法规
16	2003	排污费征收使用管理条例	国务院	行政法规
17	2003	医疗废物管理条例	国务院	行政法规
18	2004	危险废物经营许可证管理办法	国务院	行政法规
19	2004	国务院对确需保留的审批项目设定行政许可的决定	国务院	行政法规
20	2005	放射性同位素与射线装置安全和防护条例	国务院	行政法规

序号	制定时间	出台政策	制定部门	制定类型
21	2006	国家突发环境事件应急预案	国务院	行政法规
22	2006	中华人民共和国濒危野生动植物进出口管理条例	国务院	行政法规
23	2006	防治海洋工程建设项目污染损害海洋环境管理条例	国务院	行政法规
24	2007	国务院关于修改《中华人民共和国防治海岸工程建设项目污染损害海洋环境管理条例》的决定	国务院	行政法规
25	2007	中华人民共和国防治海岸工程建设项目污染损害海洋环境管理条例	国务院	行政法规
26	2007	民用核安全设备监督管理条例	国务院	行政法规
27	2007	全国污染源普查条例	国务院	行政法规
28	2008	中华人民共和国畜禽遗传资源进出境和对外合作研究利用审批办法	国务院	行政法规
29	2009	废弃电器电子产品回收处理管理条例	国务院	行政法规
30	2009	规划环境影响评价条例	国务院	行政法规
31	2009	防止船舶污染海洋环境管理条例	国务院	行政法规
32	2009	放射性物品运输安全管理条例	国务院	行政法规
33	2010	消耗臭氧层物质管理条例	国务院	行政法规
34	2011	危险化学品安全管理条例	国务院	行政法规
35	2011	放射性废物安全管理条例	国务院	行政法规
36	2013	城镇排水与污水处理条例	国务院	行政法规
37	2013	畜禽规模养殖污染防治条例	国务院	行政法规
38	2016	中华人民共和国水法（2016年修订）	国务院	行政法规
39	2016	中华人民共和国节约能源法（2016年7月修订）	国务院	行政法规
40	2016	国务院关于印发"十三五"节能减排综合工作方案的通知	国务院	行政法规
41	2016	国务院办公厅关于印发控制污染物排放许可制实施方案的通知	国务院	行政法规

序号	制定时间	出台政策	制定部门	制定类型
42	2016	国务院关于印发土壤污染防治行动计划的通知	国务院	行政法规
43	2016	国务院办公厅关于健全生态保护补偿机制的意见	国务院	行政法规
44	2017	国务院办公厅关于印发禁止洋垃圾入境推进固体废物进口管理制度改革实施方案的通知	国务院	行政法规
45	2017	建设项目环境保护管理条例（2017年7月16日修订）	国务院	行政法规

附表 3-3 国家环境保护部门出台的相关规章

序号	制定时间	出台政策	制定部门	制定类型
1	1989	中华人民共和国石油勘探开发环境保护管理条例实施办法	国家海洋局	部门规章
2	1995	海洋自然保护区管理办法	农业部	部门规章
3	1989	关于加强承运进口废物管理的规定	交通部	部门规章
4	1997	渔业水域污染事故调查处理程序	农业部	部门规章
5	1997	水生植物自然保护区管理办法	渔业行政主管部	部门规章
6	1998	防止船舶垃圾和固体废物污染长江水域办法	交通部、建设部	部门规章
7	2000	进口废物原料装运前检验机构认可管理办法	国家检验检疫部	部门规章
8	2002	危险化学品登记管理办法	经济贸易委员会	部门规章
9	2003	排污费征收标准管理办法	财政部	部门规章
10	2003	排污费资金收缴使用管理办法	财政部	部门规章
11	2004	清洁生产审核暂行办法	环保局	部门规章
12	2004	建设项目预审管理办法	国土资源部	部门规章
13	2006	环境保护违法违纪行为处分暂行规定	环保局	部门规章
14	2007	洗染业管理办法	商务部、工商局	部门规章
15	2017	外商企业投资项目指导	商务部	部门规章
16	2010	中国清洁剂之发展机制基金管理办法	财政部	部门规章
17	2011	放射性物品管理规定	交通运输部	部门规章
18	2010	中华人民共和国船舶及其有关作业活动污染海洋环境防治管理办法	交通运输部	部门规章

序号	制定时间	出台政策	制定部门	制定类型
19	2015	产业结构调整指导项目	国家发展改革委员会	部门规章
20	2011	清洁发展机制项目运行管理办法	国家发展改革委员会	部门规章
21	2012	铅蓄电池行业转入条件	工业部、信息部	部门规章
22	2012	关于印发《铅蓄电池行业转入公告管理暂行办法》的通知	环保厅	部门规章
23	2012	机动车强制报废标准规定	商务部	部门规章
24	2013	粉煤灰综合利用管理办法	国家发展改革委员会	部门规章
25	2014	关于印发《行政主管部门移送适用行政拘留环境违法案例暂行办法》的通知	公安部	部门规章
26	2016	核技术利用环境保护行政执法手册（试行）	环境保护部	部门规章
27	2017	环境保护行政处罚办法	国家环境保护总局	部门规章
28	2017	放射性废物安全管理条例	环境保护部	部门规章
29	2018	关于停征排污费等行政事业性收费有关事项的通知	财政部	部门规章

附表 3-4　北京市生态文明政策制度法规

序号	制定时间	出台政策	制定部门	制定类型
1	2000	北京市人民政府批转市农村工作委员会关于加快本市小城镇规划建设推进郊区城市化进程意见的通知	市政府	部门规章
2	2001	北京市人民政府关于进一步推进本市绿色通道建设的通知	市政府	部门规章
3	2001	北京市人民政府关于贯彻落实全国生态环境保护纲要的意见	市政府	部门规章
4	2005	北京市人民政府办公厅关于加强本市湿地保护管理工作的通知	市政府	部门规章
5	2010	北京市人民政府关于建立山区生态公益林生态效益促进发展机制的通知	市政府	部门规章
6	2010	环境保护部通报表扬海淀区创建全国生态环境监察试点区工作	环保局	部门规章
7	2010	北京市人民政府办公厅转发国务院办公厅关于做好自然保护区管理有关工作文件的通知	市政府	部门规章
8	2013	北京市人民政府办公厅关于印发《北京市生态文明和城乡环境建设专项督查工作方案》的通知	市政府	部门规章
9	2013	北京市人民政府关于印发北京市加快污水处理和再生水利用设施建设三年行动方案	市政府	部门规章
10	2013	北京市人民政府办公厅印发关于加强首都城市管理综合行政执法监管实施意见的通知	市政府	部门规章
11	2013	北京市人民政府关于印发北京市地下水保护和污染防控行动方案的通知	市政府	部门规章
12	2013	北京市人民政府关于印发北京市2013-2017年清洁空气行动计划的通知	市政府	部门规章

续表

序号	制定时间	出台政策	制定部门	制定类型
13	2013	北京市人民政府办公厅关于印发加强河湖生态环境建设与管理工作意见	市政府	部门规章
14	2014	北京市园林绿化局、北京市发展和改革委员会、北京市财政局、北京市国土资源局、北京市规划委员会、北京市农村工作委员会关于加快平原地区规模化苗圃的意见	北京市园林局	部门规章
15	2014	北京市人民政府办公厅关于印发《进一步加强密云水库水源保护工作的意见》的通	市政府	部门规章
16	2014	北京市环境保护局关于拟推荐昌平区崔村镇，平谷区东高村镇申报国家级生态乡镇的公示	环保局	部门规章
17	2015	北京市环境保护局办公室关于组织申报2015年国家级生态乡镇的通知	环保局	部门规章
18	2015	北京市水土保持条例	市政府	部门规章
19	2015	北京市人民政府关于完善本市绿化隔离地区和"五河十路"绿色通道生态林用地及管护政策的通知	市政府	部门规章
20	2015	北京市人民政府关于进一步健全大气污染防治体制机制推动空气质量持续改善的意见	市政府	部门规章
21	2015	北京市农村工作委员会关于印发《关于落实〈北京市人民政府关于完善本市绿化隔离地区和"五河十路"绿色通道生态林用地及管护政策的通知〉的实施细则》的通知	北京市园林绿化局	部门规章
22	2015	北京市委关于制定北京市国民经济和社会发展第十三个五年规划的建议	市政府	部门规章
23	2015	北京市人民政府办公厅关于推行环境污染第三方治理的实施意见	市政府	部门规章
24	2015	北京市人民政府办公厅关于进一步加强环境监管执法工作的意见	市政府	部门规章

序号	制定时间	出台政策	制定部门	制定类型
25	2015	北京市环境保护局关于燃气设施（燃用市政 管道天然气）二氧化硫排污系数的通知	环保局	公示公告
26	2016	关于印发北京经济技术开发区绿色低碳循环发展行动计划的通知	市政府	部门规章
27	2016	北京市人民政府关于全面推进节水型社会建设的意见	市政府	部门规章
28	2016	北京市人民政府关于促进旅游业改革发展的实施意见	市政府	部门规章
29	2016	北京市园林绿化局关于印发《北京市平原生态林保护管理办法（试行）》的通知	园林绿化局	部门规章
30	2016	北京市环境保护局关于排污费征收核定有关工作事项的通知	环保局	部门规章
31	2016	北京市环境保护局关于印发《北京市环境保护局对举报环境违法行为实行奖励有关规定（暂行）》的通知	环保局	部门规章
32	2016	北京市环境保护局关于规范拆除或者闲置防治污染设施审批事项的通知	环保局	公示公告
33	2016	北京市环境保护局关于开展从事含氢氯氟烃等消耗臭氧层物质经营活动备案管理的通知	环保局	部门规章
34	2016	关于印发《北京市实施河湖生态环境管理"河长制"工作方案》的通知	市政府	部门规章
35	2016	北京市人民政府办公厅关于公布第一批市级湿地名录的通知	市政府	部门规章
36	2016	关于构建绿色金融体系的指导意见	中国人民银行	部门规章
37	2016	北京市人民政府办公厅关于印发《北京市"十三五"时期节能低碳和循环经济全民行动计划》的通知	市政府	部门规章
38	2016	北京市环境保护局关于印发《北京市环境影响评价技术审查专家库管理办法（试行）》的通知	环保局	部门规章

续表

序号	制定时间	出台政策	制定部门	制定类型
39	2016	北京市环境保护局关于印发《北京市环境影响评价技术审查专家库管理办法（试行）》的通知	环保局	部门规章
40	2016	北京市人民政府办公厅关于印发《北京市生态环境监测网络建设方案》的通知	市政府	部门规章
41	2017	北京市环境保护局关于印发《北京市环境保护局对举报环境违法行为实行奖励有关规定》的通知	环保局	部门规章
42	2017	关于印发《北京市"十三五"时期能源发展规划》的通知	市政府	部门规章
43	2017	北京市环境保护局北京市住房和城乡建设委员会关于加强非道路移动工程机械排放管理有关工作的通知	环保局	部门规章
44	2017	北京市空气重污染应急预案(2017年修订)	市政府	部门规章
45	2017	北京市环境保护局政府环境信息公开暂行办法	环保局	部门规章
46	2017	北京市人民政府关于划定禁止使用高排放非道路移动机械区域的通告	市政府	公示公告
47	2018	北京市2018年农村地区村庄冬季清洁取暖工作推进指导意见	北京市农村工作委员会	规范性文件
48	2018	关于进一步加强农村地区"煤改清洁能源"住户户内设计、设备检测和安装验收工作的通知	北京市农村工作委员会	规范性文件

附表 3-5　天津市生态文明相关政策

序号	制定时间	出台政策	制定部门	指定类型
1	2004	天津市水污染防治管理办法	天津市环保局	部门规章
2	2004	天津市建设项目环境保护管理办法	天津市环保局	部门规章
3	2004	天津市大气污染防治条例	天津市环保局	部门规章
4	2004	天津市环境保护条例	天津市环保局	部门规章
5	2005	天津市关闭严重污染小化工企业暂行办法	天津市环保局	部门规章
6	2006	天津市生态建设和环境保护第十一个五年规划	天津市环保局	部门规章
7	2010	关于印发《2010年司法行政基层工作要点》的通知	天津市司法局	部门规章
8	2013	天津市环保局关于评审《天津市西青区生态文明建设规划（2013-2025年）》的请示	天津市环保局	部门规章
9	2013	生态文明受重视，农村环保产业再添商机	天津市农业局	国家文件
10	2013	天津市人民政府办公厅关于转发市市容园林委拟定的天津市城市管理考核办法的通知	天津市人民政府办公厅	部门规章
11	2013	市经济和信息化委市发展改革委关于转发2013年全国节能宣传周和全国低碳日活动安排的通知	天津市经济和信息化委员会	部门规章
12	2013	湿地保护管理规定	天津市林业局	部门规章
13	2014	天津市林业局关于陆生野生动物禁猎区、禁猎期的通告	天津市林业局	部门规章
14	2014	市环保局办公室关于落实环保部大力推进生态文明建设示范区工作的意见的函	天津市环保局	部门规章
15	2014	市发展改革委关于组织推荐国家生态文明先行示范区的通知	天津市发展	和改革委员会
16	2015	天津市人民政府办公厅转发市环保局关于加强环境监管执法实施意见的通知	天津市环保局	部门规章

序号	制定时间	出台政策	制定部门	指定类型
17	2015	天津市建设项目环境保护管理办法	天津市环保局	部门规章
18	2015	加强禁渔执法管理，全力助推水域生态文明建设	天津市农业局	国家文件
19	2015	天津市大气污染防治条例	天津市环保局	部门规章
20	2016	天津市环保专职网格员管理办法	天津市环保局	部门规章
21	2016	天津市交通运输委员会关于开展我市港口与船舶污染防治相关课题研究的通知	天津市交通运输委员会	部门规章
22	2016	天津市湿地保护条例	天津市环保局	部门规章
23	2016	市发展改革委关于印发我市2016年经济体制和生态文明体制改革重点工作意见	天津市发展和改革委员会	部门规章
24	2016	天津市人民政府办公厅关于印发天津市碳排放权交易管理暂行办法的通知	天津市人民政府办公厅	部门规章
25	2016	市环保局关于印发《〈天津市水污染防治条例〉行政处罚自由裁量权应用原则规定（试行）》及《常见水环境违法事实裁量基准（试行）》的通知	天津市环保局	部门规章
26	2016	天津市碳排放权交易管理暂行办法	天津市人民政府办公厅	部门规章
27	2016	天津市水污染防治条例	天津市环保局	部门规章
28	2016	天津市人民政府办公厅关于转发市海洋局拟定的天津市海洋生态红线区管理规定的通知	天津市人民政府办公厅	部门规章
29	2017	天津市近岸海域污染防治实施方案	天津市人民政府办公厅	部门规章
30	2017	天津市水污染突发事件应急预案	天津市人民政府办公厅	部门规章
31	2017	天津市湿地生态补偿办法（试行）	天津市人民政府办公厅	部门规章
32	2017	天津市湿地保护修复工作实施方案	天津市人民政府办公厅	部门规章

序号	制定时间	出台政策	制定部门	指定类型
33	2017	天津市人民政府关于加快推进全民所有自然资源资产有偿使用制度改革工作的实施意见	天津市人民政府办公厅	部门规章
34	2017	天津市第二次污染源普查方案	天津市人民政府办公厅	部门规章
35	2017	天津市人民政府办公厅关于健全生态保护补偿机制的实施意见	天津市人民政府办公厅	部门规章
36	2017	天津市人民政府办公厅关于做好中央环境保护督察期间市级派驻现场督办检查工作的通知	天津市人民政府办公厅	部门规章
37	2017	天津市人民政府办公厅印发关于深入推进重点污染源专项治理行动方案的通知	天津市人民政府办公厅	部门规章
38	2017	天津市人民政府关于印发天津市2017年大气污染防治工作方案的通知	天津市人民政府办公厅	部门规章
39	2017	天津市人民政府办公厅关于转发市环保局拟定的天津市控制污染物排放许可制实施计划的通知	天津市人民政府办公厅	部门规章
40	2017	天津市人民政府办公厅关于印发天津市"十三五"控制温室气体放工作实施方案的通知	天津市人民政府办公厅	部门规章
41	2018	天津市人民政府关于环境保护税市与区收入划分有关问题的通知	天津市人民政府办公厅	部门规章
42	2018	天津市人民政府办公厅关于印发天津市2018年大气污染防治工作方案的通知	天津市人民政府办公厅	部门规章
43	2018	天津市人民政府办公厅关于印发天津市碳排放权交易管理暂行办法的通知	天津市人民政府办公厅	部门规章
44	2018	天津市绿色建筑管理规定	天津市人民政府办公厅	部门规章
45	2018	天津港防治船舶污染管理规定	天津市人民政府办公厅	部门规章
46	2018	天津市水环境区域补偿办法的通知	天津市人民政府办公厅	部门规章

附表 3-6　河北省生态文明相关政策

序号	制定时间	出台政策	制度部门	制度类型
1	2000	河北省电磁辐射环境保护管理办法	河北省政府办公厅	地方性法规
2	2012	河北省机动车排气污染防治办法	河北省环保厅	部门规章
3	2013	放射性固体废物贮存和处置许可管理办法	河北省环保厅	部门规章
4	2014	消耗臭氧层物质进出口管理办法	河北省环保厅	部门规章
5	2014	关于开展全省生态功能红线划定工作的通知	河北省环保厅	部门规章
6	2014	关于开展全省自然保护区专项执法检查的通知	河北省环保厅	部门规章
7	2014	畜禽规模养殖污染防治条例	河北省环保厅	部门规章
8	2014	河北省达标排污许可管理办法	河北省政府办公厅	地方性法规
9	2015	关于全面推进生态文明建设示范区有关事项的通知	河北省环保厅	部门规章
10	2015	河北省固体废物污染环境防治条例	河北省环境保护厅	地方性法规
11	2016	河北省大气污染防治条例	河北省环境保护厅	地方性法规
12	2016	关于加快推进美丽乡村建设的意见	河北省环保厅	部门规章
13	2016	关于全面强化全省钢铁行业主要污染物自动监控工作的通知	河北省环保厅	部门规章
14	2016	河北省乡村环境保护和治理条例	河北省人民代表大会常务委员会	地方性法规
15	2016	河北省乡村环境保护和治理条例	河北省环保厅	部门规章
16	2016	关于组织做好 2016 年度全省农用地污染治理和修复试点项目工作的通知	河北省环保厅	部门规章
17	2016	我省对露天矿山污染进行深度整治	河北省人民政府	部门规章
18	2016	全力完成水污染防治各项目标任务	河北省人民政府	部门规章
19	2016	我省将对 56 处煤矿实施去'产能'	河北省人民政府	部门规章
20	2016	减量指标可出售，超量部分需购买	河北省人民政府	部门规章

序号	制定时间	出台政策	制度部门	制度类型
21	2016	省政协1号提案促我省水生态环境质量不断改善	河北省人民政府	部门规章
22	2016	我省完善水生态保护补偿机制	河北省人民政府	部门规章
23	2016	我省专项整治矿产资源开采	河北省人民政府	部门规章
24	2016	省会启动秋季秸秆污染防控	河北省人民政府	部门规章
25	2016	我省出台《河北省张承地区生态保护和修复机制》	河北省人民政府	部门规章
26	2016	全面改善58条重污染河流水环境	河北省人民政府	部门规章
27	2016	河北省大气污染防治工作小组办公室关于启动区域橙色（二级）应急响应的通知	河北省环保厅	地方性法规
28	2016	环保部通报13—15日空气质量情况，对京津冀重点城市开展专项督查	河北省人民政府	部门规章
29	2016	河北通报6期环境保护方面问责典型案例	河北省人民政府	部门规章
30	2016	今冬明春京津冀将实施联动执法应对大气污染	河北省人民政府	部门规章
31	2016	3个督察小组赴石保邢督查大气污染防治	河北省人民政府	部门规章
32	2016	我省发出1号大气污染防治调度令	河北省人民政府	部门规章
33	2016	与北京接壤的18个县市区划定为禁煤区	河北省人民政府	部门规章
34	2016	我省开展大气污染专项执法检查	河北省人民政府	部门规章
35	2016	河北省城镇排水与污水处理管理办法	河北省政府办公厅	部门规章
36	2016	关于垃圾填埋沼气发电列入《环境保护、节能节水项目企业所得税优惠目录（试行）》的通知	河北省财政厅	规范性文件
37	2017	河北省人民政府关于印发河北省"净土行动"土壤污染防治工作方案的通知	河北省政府办公厅	规范性文件

续表

序号	制定时间	出台政策	制度部门	制度类型
38	2017	关于印发《河北省发展改革委节能降碳双随机一公开监管实施方案》暨2017年节能降碳专项检查和双随机抽查计划的通知	河北省发展改革委	规范性文件
39	2017	河北省人民政府关于印发河北省"十三五"控制温室气体排放工作实施方案的通知	河北省政府办公厅	规范性文件
40	2017	河北省人民政府 关于印发河北省生态环境保护"十三五"规划的通知	河北省政府办公厅	规范性文件
41	2017	河北省人民政府办公厅关于印发河北省节能"十三五"规划的通知	河北省政府办公厅	规范性文件
42	2017	河北省人民政府关于全民所有自然资源资产有偿使用制度改革的实施意见	河北省政府办公厅	规范性文件
43	2017	关于印发《河北省生态环境保护责任规定（试行）》的通知	河北省环境保护厅	部门规章
44	2017	河北省破坏耕地鉴定办法	河北省国土资源厅	部门规章
45	2017	关于加快推进全省钢铁行业环保提标治理改造和达标验收进程衔接排污许可证核发工作的通知	河北省环境保护厅	部门规章
46	2017	关于印发《河北省环境保护厅关于支持省重点投资项目建设的实施意见》的通知	河北省环境保护厅	规范性文件
47	2017	关于印发节能节水和环境保护专用设备企业所得税优惠目录（2017年版）的通知	河北省财政厅	公示公告
48	2017	关于将用煤投资项目煤炭替代方案审查等五事项纳入政务服务中心统一受理的通知	河北省发展改革委	规范性文件
49	2017	关于重新印发《河北省渤海环境保护与治理实施方案》的通知	河北省发展改革委	规范性文件

序号	制定时间	出台政策	制度部门	制度类型
50	2017	关于联合开展"绿盾2017"国家级自然保护区监督检查专项行动的通知	河北省林业厅	部门规章
51	2017	河北省林业厅关于划建立健全野生动物及其栖息地保护管理长效机制的意见	河北省林业厅	部门规章
52	2017	河北省人民政府办公厅关于印发河北省湿地保护修复制度实施方案的通知	河北省政府办公厅	部门规章
53	2017	关于印发《河北省企业环境信用评价管理办法（试行）》的通知	河北省政府办公厅	部门规章
54	2017	河北省人民政府关于公布地下水超采区、禁止开采区和限制开采区范围的通知	河北省政府办公厅	公示公告
55	2017	河北省生态保护红线划定方案	河北省政府办公厅	地方性法规
56	2017	河北省人民政府关于2016年各市节能减排目标考核结果的通报	河北省政府办公厅	公示公告
57	2017	关于我省环境保护税应税大气污染物和水污染物适用税额标准的通知	河北省财政厅	部门规章
58	2018	关于《京津冀一体化可再生能源消纳实施方案》的复函	河北省发展改革委	部门规章
59	2018	关于印发《河北省永定河综合治理与生态修复实施方案》的通知	河北省发展改革委	部门规章
60	2018	关于对新上高耗能项目实行能耗特别控制措施的通知	河北省发展改革委	部门规章
61	2018	关于印发《河北南部电网煤改电采暖低谷电量打捆交易方案（试行）》的通知	河北省发展改革委	部门规章
62	2018	关于征求《河北省污染地块土壤环境管理办法（征求意见稿）》意见的函	河北省环境保护厅	部门规章

附表 3-7　石家庄市生态文明相关政策

序号	制定时间	出台政策	制定部门	制定类型
1	2013	我市将建立"空气重污染日"预警机制	石家庄市环保局	部门规章
2	2013	排污口规范化整治技术要求（试行）	石家庄市环保局	部门规章
3	2013	石家庄市大气污染防治管理办法	石家庄市环保局	市政策法规
4	2013	全市今冬明春大气污染防治启动	石家庄市环保局	部门规章
5	2013	石家庄市建设工程施工现场扬尘污染防治办法	河北省人民代表大会常务委员会	地方法规规章
6	2014	石家庄市城市排水管理条例（试行）	河北省人民代表大会常务委员会	地方法规规章
7	2014	关于印发石家庄市工业企业扬尘、粉尘污染综合治理实施方案等四个方案的通知	石家庄市环保局	部门规章
8	2014	石家庄市人民政府办公厅关于印发石家庄市重污染天气应急预案（暂行）的通知	石家庄市政府	政府文件
9	2015	石家庄市人民政府办公厅关于印发石家庄市环境保护大检查工作方案的通知	石家庄市政府	政府文件
10	2015	石家庄市环境空气质量奖惩办法（试行）	石家庄市政府	政府文件
11	2015	石家庄市环境空气质量奖惩办法（试行）	石家庄市环保局	市政策法规
12	2015	关于推行环境污染第三方治理的实施方案	石家庄市政府	政府文件
13	2015	石家庄市生态环境保护网格化管理推进方案	石家庄市政府	政府文件
14	2015	石家庄市市区生活饮用水地下水源保护区污染防治条例	河北省人民代表大会常务委员会	地方法规规章
15	2015	石家庄市市区生活饮用水地下水源保护区污染防治条例	石家庄市环保局	市政策法规

序号	制定时间	出台政策	制定部门	制定类型
16	2016	石家庄市低碳发展促进条例	河北省人民代表大会常务委员会	地方法规规章
17	2016	石家庄市大气污染防治攻坚行动2016年工作方案	石家庄市政府	政府文件
18	2016	石家庄市人民政府关于加强今冬明春大气污染防治工作的意见	石家庄市政府	政府文件
19	2016	石家庄市人民政府办公厅关于进一步加强全市大气重点污染源监管工作的意见	石家庄市政府	政府文件
20	2016	石家庄市人民政府办公厅关于印发石家庄市市级环境保护资金管理使用办法的通知	石家庄市政府	政府文件
21	2016	关于批准《石家庄市大气污染防治条例（修订）》的决定	河北省人民代表大会常务委员会	地方法规规章
22	2016	石家庄市人民政府关于大气污染防治工作市县（区）同步联防联控的实施意见	石家庄市政府	政府文件
23	2017	石家庄市人民政府办公厅关于进一步加强全市河流跨界断面水质生态补偿的通知	石家庄市政府	政府文件
24	2017	石家庄市人民政府关于印发石家庄市2017年大气污染防治工作方案的通知	石家庄市政府	政府文件
25	2017	石家庄市人民政府关于全市大气污染排放重点行业工业企业冬季错峰生产的意见	石家庄市政府	政府文件
26	2017	石家庄市成品油市场大气污染治理工作方案	石家庄市政府	政府文件
27	2017	石家庄市农村地区气代煤电代煤实施意见	石家庄市政府	政府文件
28	2017	石家庄市环境保护举报奖励办法	石家庄市政府	政府文件
29	2017	石家庄市"净土行动"土壤污染防治实施方案	石家庄市政府	政府文件
30	2017	石家庄市重污染天气应急预案补充说明	石家庄市政府	政府文件

序号	制定时间	出台政策	制定部门	制定类型
31	2017	石家庄市城镇垃圾处理费征收管理办法	石家庄市政府	政府文件
32	2018	石家庄市2018年农村重点造林绿化工作实施方案	石家庄市政府	政府文件
33	2018	石家庄市人民政府关于印发石家庄市2018年大气污染综合治理工作方案的通知	石家庄市政府	政府文件
34	2018	石家庄市人民政府办公厅关于印发石家庄市第二次全国污染源普查工作实施方案的通知	石家庄市政府	政府文件

附表 3-8 邯郸市生态文明相关政策

序号	制定时间	出台政策	制定部门	制定类型
1	2001	邯郸市防治建设施工扬尘污染管理办法	邯郸市人民政府	部门规章
2	2006	邯郸市主城区大气污染防治管理办法	邯郸市环保局	市县法规
3	2006	邯郸市主城区生活饮用水水源保护区污染防治管理办法	邯郸市环保局	市县法规
4	2008	邯郸市人民政府关于印发《邯郸市主要污染物总量减排管理办法》的通知	邯郸市人民政府	公告通知
5	2008	关于全市百家重点耗能企业节能减排行动的实施意见	邯郸市人民政府	部门规章
6	2008	邯郸市人民政府关于加强饮用水源地环保工作的意见	邯郸市人民政府	部门规章
7	2009	邯郸市人民政府关于下达2009年污染减排重点治理项目暨限期治理任务的通知	邯郸市人民政府	部门规章
8	2009	邯郸市机动车排气污染防治条例	邯郸市环保局	市县法规
9	2011	邯郸生态市建设规划中期实施方案	邯郸市人民政府	政府文件
10	2014	邯郸市减少污染物排放条例	邯郸市环保局	市县法规
11	2015	邯郸市环境保护局约谈暂行办法	邯郸市环保局	市县法规
12	2016	邯郸市人民政府办公厅关于印发邯郸市生态环境监测网络建设实施方案的通知	邯郸市人民政府	部门规章
13	2016	王会勇调度滏阳河综合整治和清水入沁工作时强调压死责任超常推进确保河流水质明显改善	邯郸市环保局	部门规章
14	2016	环保重点工作拉出清单	邯郸市环保局	部门规章
15	2016	邯郸市人民政府关于印发邯郸市国民经济和社会发展第十三个五年规划纲要的通知	邯郸市人民政府	政府文件

序号	制定时间	出台政策	制定部门	制定类型
16	2016	污染源自动监控设施运行管理办法	邯郸市环保局	规范性文件
17	2016	邯郸市人民政府关于印发市主城区美丽城中村和美丽小区创建工作实施方案的通知	邯郸市人民政府	部门规章
18	2016	关于做好今冬明春污染源自动监控工作的通知	邯郸市环保局	规范性文件
19	2016	我市发布重污染天气黄色预警启动Ⅲ级应急响应	邯郸市环保局	公告通知
20	2016	邯郸市环境保护局关于印发全市环境安全大检查工作方案的通知	邯郸市环保局	规范性文件
21	2017	关于发布并报送2016年度固体废物污染防治信息情况的通知	邯郸市环保局	规范性文件
22	2017	关于贯彻落实市委市政府强力推进大气污染治理意见加强机动车污染防治工作的通知	邯郸市环保局	规范性文件
23	2017	邯郸市"散乱污"企业清零整治攻坚行动验收方案	邯郸市人民政府	规范性文件
24	2017	邯郸市重污染天气应急预案补充说明	邯郸市人民政府	规范性文件
25	2017	关于建设省、市、县三级机动车检测机构监管平台的通知	邯郸市环保局	规范性文件
26	2017	邯郸市秋冬季大气污染防治人工影响天气实施方案	邯郸市人民政府	规范性文件
27	2017	关于邯郸市数字化城管平台对城乡面源污染综合整治进行监督的实施方案	邯郸市人民政府	规范性文件
28	2017	关于印发《邯郸市绿色发展指标体系》《邯郸市生态文明建设考核目标体系》的通知	邯郸市发展和改革委员会	规范性文件
29	2017	关于对入河排污口规范化建设工作督导检查的通知	邯郸市水利局	规范性文件
30	2017	关于印发《邯郸市土壤污染防治工作实施方案》重点任务部门分工的通知	邯郸市环保局	规范性文件

序号	制定时间	出台政策	制定部门	制定类型
31	2018	关于加快完成重点污染源企业自动在线监控设施验收工作的通知	邯郸市环保局	规范性文件
32	2018	关于强力推进当前大气污染综合治理几项重点工作整改的实施意见	邯郸市人民政府	规范性文件
33	2018	邯郸市人民政府关于印发邯郸市"十三五"控制温室气体排放工作实施方案的通知	邯郸市人民政府	规范性文件
34	2018	关于印发邯郸市"十三五"节能环保产业发展暨园区循环化改造规划的通知	邯郸市人民政府	规范性文件
35	2018	邯郸市行政审批局关于"建设项目环境保护设施竣工验收"事项相关要求的通知	邯郸市行政审批局	规范性文件

附表 3-9 衡水市生态文明相关政策

序号	制定时间	出台政策	制定部门	制定类型
1	2008	衡水市生态环境监察试点工作实施方案	衡水市人民政府	政策法规
2	2010	关于加强衡水湖西湖地下水源地管理的通告	衡水市人民政府	政策制度
3	2013	衡水市环境保护局关于进一步优化发展环境下放部分环评审批权限的通知	衡水市人民政府	制度文件
4	2014	衡水市环境污染举报奖励暂行规定	衡水市人民政府	政策制度
5	2015	中共衡水市纪委衡水市监察局关于受理全市工业企业污染排放专项整治违规违纪问题投诉举报的通告	衡水市人民政府	政策制度
6	2015	关于启动重污染天气Ⅲ级应急响应的通知	衡水市人民政府	政策制度
7	2016	关于推进机制创新加快造林绿化转型升级的意见	衡水市人民政府	规范性文件
8	2016	衡水市人民政府办公室关于推进海绵城市建设的实施意见	衡水市人民政府	规范性文件
9	2016	衡水市人民政府关于印发《衡水市绿色建筑管理办法》的通知	衡水市人民政府	规范性文件
10	2016	衡水市饶阳县非法排污企业取缔实施方案	衡水市饶阳县政府办公室	规范性文件
11	2016	衡水市饶阳县"傍水"农村垃圾处置和重点镇生活污水治理实施方案	衡水市饶阳县政府办公室	规范性文件
12	2016	关于印发衡水市桃城区清洁能源替代工作方案的通知	衡水市人民政府	规范性文件
13	2016	关于做好工业企业料堆场扬尘污染防治工作的通知	冀州区工业和信息化局	规范性文件
14	2016	衡水市马屯丝网基地水污染防治实施方案	衡水市饶阳县政府办公室	规范性文件
15	2016	关于进一步加强大气污染防治工作的决议	衡水市人民政府	政策制度

序号	制定时间	出台政策	制定部门	制定类型
16	2016	关于划定高污染燃料禁燃区的公告	衡水市人民政府	政策制度
17	2017	衡水市枣强县住房和城乡规划建设局城市节水管理措施	衡水市枣强县住房和城乡建设局	规范性文件
18	2017	衡水市桃城区人民政府关于印发衡水市桃城区重污染天气应急预案（修订版）的通知	衡水市人民政府	规范性文件
19	2017	衡水市桃城区人民政府关于2017年造林绿化工作实施意见	衡水市人民政府	规范性文件
20	2017	衡水市人民政府办公室关于印发《衡水市重污染天气应急预案》的通知	衡水市人民政府	规范性文件
21	2017	衡水市人民政府关于"十二五"及2015年县市区节能减排目标考核结果的通报	衡水市人民政府	规范性文件
22	2017	衡水市人民政府关于印发衡水市"净土行动"土壤污染防治工作方案的通知	衡水市人民政府	规范性文件
23	2017	衡水市桃城区人民政府办公室关于印发《加强安全环保节能管理加快全区化工产业转型升级实施方案》的通知	衡水市人民政府	规范性文件
24	2017	衡水市人民政府办公室关于印发加强安全环保节能管理加快全市化工产业转型升级意见的通知	衡水市人民政府	规范性文件
25	2017	衡水市人民政府办公室 关于印发《衡水市重污染天气应急预案》的 通知	衡水市人民政府	规范性文件
26	2017	衡水市人民政府关于印发《关于环保部约谈暨全市环保突出问题整改工作实施方案》的通知	衡水市人民政府	规范性文件
27	2017	衡水市武邑县重污染天气应急预案	衡水市武邑县政府办公室	规范性文件
28	2017	衡水市武邑县人民政府办公室关于推进海绵城市建设的实施意见	衡水市武邑县政府办公室	规范性文件
29	2017	衡水市人民政府办公室关于印发《2017—2020衡水市农村气代煤电代煤工程实施意见》的通知	衡水市人民政府	规范性文件

序号	制定时间	出台政策	制定部门	制定类型
30	2017	衡水市人民政府办公室关于印发衡水市生态环境保护"十三五"规划重点工作部门分工方案的通知	衡水市人民政府	规范性文件
31	2018	河北省财政厅等四部门关于转发《关于停征排污费等行政事业性收费》有关事项的通知	衡水市故城县财政局	规范性文件
32	2018	关于调整水土保持补偿费收费标准的通知	衡水市安平县水务局	规范性文件
33	2018	衡水市人民政府关于印发衡水市高质量绿色农业发展三年行动计划（2018—2020年）的通知	衡水市人民政府	规范性文件
34	2018	枣强县城镇污水排入排水管网许可管理办法	衡水市枣强县政府办公室	规范性文件
35	2018	衡水市人民政府办公室关于印发衡水市第二次全国污染源普查工作实施方案的通知	衡水市人民政府	规范性文件

附表 3-10　廊坊市生态文明相关政策

序号	制定时间	出台政策	制定部门	制定类型
1	2007	廊坊市 2006 年固体废物污染环境防治信息公报	廊坊市环保局	公告公示
2	2008	关于印发《廊坊市 2008 年度生态市建设目标任务责任分解计划》的通知	廊坊市人民政府	部门规章
3	2008	廊坊市环境保护行政处罚管理办法	廊坊市环保局	规范性文件
4	2009	廊坊市环境保护局关于开展消耗臭氧层物质调查工作的通知	廊坊市环保局	部门规章
5	2009	廊坊市农村环境综合整治典型示范工程实施方案（草案）	廊坊市环保局	部门规章
6	2009	关于印发《2009 年廊坊市重点监控企业名单》的通知	廊坊市环保局	部门规章
7	2011	廊坊市环境行政执法过错责任追究暂行办法	廊坊市环保局	规范性文件
8	2011	廊坊市环境行政处罚案件审理工作规则	廊坊市环保局	规范性文件
9	2012	廊坊市环境保护局建设项目环境影响评价文件审批及竣工环境保护验收程序规定	廊坊市环保局	政策法规
10	2012	建设项目主要污染物排放总量审核实施办法（试行）	廊坊市环保局	政策法规
11	2012	廊坊市生态市建设领导小组办公室《关于进一步扎实推进本年度生态创建工作的通知》	廊坊市环保局	制度法规
12	2012	廊坊市市级生态村创建管理办法	廊坊市环保局	制度法规
13	2013	廊坊市环境保护局关于印发《廊坊市电镀产业环境准入指导意见》的通知	廊坊市环保局	政策法规
14	2013	关于做好环境污染刑事案件环境监测工作的通知	廊坊市环保局	规范性文件
15	2014	廊坊市环境保护局关于印发《廊坊市建设项目环境监理试点工作方案（试行）》的通知	廊坊市环保局	政策法规

序号	制定时间	出台政策	制定部门	制定类型
16	2014	廊坊市人民政府办公室印发关于加快推进绿色建筑发展的实施意见的通知	廊坊市人民政府	政府规章
17	2015	廊坊市人民政府办公室关于印发廊坊市大气污染防治行动计划实施方案落实情况考核办法（试行）的通知	廊坊市人民政府	政府规章
18	2015	廊坊市人民政府办公室关于印发廊坊市重污染天气应急预案（2015修编版）的通知	廊坊市人民政府	政府规章
19	2015	廊坊市环境保护局启动重污染天气特别应急管控措施	廊坊市环保局	公示公告
20	2015	廊坊市环境保护局办公室《关于加快2014年农村环境连片整治示范项目实施进度的通知》	廊坊市环保局	公告通知
21	2015	廊坊市人民政府办公室关于印发廊坊市环境空气质量奖惩办法（试行）的通知	廊坊市人民政府	政府规章
22	2015	廊坊市人民政府办公室印发廊坊市推行环境污染第三方治理实施意见的通知	廊坊市人民政府	政府规章
23	2015	廊坊市人民政府办公室关于调整廊坊市环境空气质量奖惩办法部分内容的通知	廊坊市人民政府	政府规章
24	2015	廊坊市人民政府办公室关于成立廊坊市水污染防治专家咨询委员会的通知	廊坊市人民政府	政府规章
25	2016	廊坊市环境影响评价机构诚信管理办法（试行）	廊坊市环保局	规范性文件
26	2016	廊坊市突发环境事件应急预案	廊坊市环保局	规范性文件
27	2017	廊坊市人民政府关于印发廊坊市重污染天气应急预案的通知	廊坊市人民政府	政府规章
28	2017	廊坊市人民政府办公室关于印发廊坊市重污染天气应急预案的通知	廊坊市人民政府	政府规章
29	2017	廊坊市重污染天气应急预案	廊坊市环保局	公示公告

序号	制定时间	出台政策	制定部门	制定类型
30	2017	关于加强环境保护行政执法与刑事司法衔接工作实施意见	廊坊市环保局	规范性文件
31	2017	廊坊市生态环境保护责任追究暂行办法	廊坊市环保局	规范性文件
32	2018	《廊坊市土壤污染防治工作方案》征求意见稿	廊坊市环保局	公示公告
33	2018	关于印发《廊坊市环境行政处罚自由裁量权执行标准》的通知	廊坊市环保局	规范性文件
34	2018	廊坊市人民政府关于印发廊坊市生态环境保护"十三五"规划的通知	廊坊市人民政府	政府规章
35	2018	关于印发《廊坊市生态环境保护责任追究暂行办法》的通知	廊坊市环保局	规范性文件
36	2018	排污许可管理办法（试行）	廊坊市环保局	法律法规

附表 3-11 保定市生态文明相关政策

序号	制定时间	制定政策	制定部门	制定类型
1	2012	关于进一步加强重点污染源监管工作的通知	保定市环保局	公告公示
2	2012	关于印发保定市城镇污水处理厂环境管理暂行标准的通知	保定市环保局	公告公示
3	2014	关于开展主要污染物排放权交易工作的通知	保定市环保局	公示公告
4	2016	关于排查辖区内污水超标排放企业的	保定市环保局	公告公示
5	2016	关于加快涉及有色金属企业大气污染专项整治进度的通知	保定市环保局	公告公示
6	2016	2016年保定市重点行业环境保护专项执法检查工作方案	保定市环保局	部门规章
7	2016	关于做好重点排污单位环境信息公开工作的通知	保定市环保局	部门规章
8	2016	关于强化危险废物监管若干措施的通知	保定市环保局	部门规章
9	2016	保定市环境保护局关于印发《保定市危险废物转移管理工作程序》的通知	保定市环保局	部门规章
10	2016	关于印发《保定市落实〈河北省"十三五"利用处置危险废物污染防治规划〉实施方案》的通知	保定市环保局	部门规章
11	2016	关于进一步做好高架源企业自动监控工作的通知	保定市环保局	部门规章
12	2016	保定市污染水环境"十小"项目取缔工作实施方案	保定市环保局	部门规章
13	2017	关于进一步加强集中式饮用水水源环境保护工作的通知	保定市环保局	公告公示
14	2017	保定市大气污染防治条例	保定市政府	部门规章
15	2017	关于印发2017年度清洁生产审核工作方案的通知	保定市环保局	公告公示

序号	制定时间	制定政策	制定部门	制定类型
16	2017	关于河北省固体废物信息化管理及平台应用有关工作的通知	保定市环保局	公告公示
17	2017	关于上报有证露天矿山停产整治方案的通知	保定市环保局	公告公示
18	2017	保定市人民政府办公厅关于印发保定市生态环境保护责任清单的通知	保定市环保局	部门规章
19	2017	关于建立建筑石料供应矿山正面清单有关事项的通知	保定市环保局	公告公示
20	2017	关于加快燃气锅炉治理工作进度的通知保环办函	保定市环保局	公告公示
21	2017	关于重点工业源挥发行有机物排放在线监控安装工作的通知	保定市环保局	公告公示
22	2018	关于报送水污染防治三年作战计划的通知	保定市环保局	公告公示

附表 3-12　沧州市生态文明相关政策

序号	制定时间	出台政策	制定部门	制定类型
1	2011	关于印发沧州市"十二五"节能和碳减排规划目标的通知	沧州市人民政府	政府文件
2	2012	关于落实最严格水资源管理制度的意见	沧州市人民政府	政府文件
3	2013	关于印发《沧州市 2013 年节能宣传周和低碳日活动方案》的通知	沧州市人民政府	政府文件
4	2014	关于印发《2014 年全市节能减排削煤降碳工作要点》的通知	沧州市人民政府	政府文件
5	2015	关于印发《2015 年全市节能减排降碳工作要点》的通知	沧州市人民政府	政府文件
6	2016	关于加强今冬明春大气污染防治的通知	沧州市人民政府	政府文件
7	2016	关于印发《2016 年全市节能减排降碳工作要点》的通知	沧州市人民政府	政府文件
8	2016	关于印发《沧州市贯彻落实中央环境保护督察组督察反馈意见整改方案（修订）》的通知	沧州市人民政府	政府文件
9	2016	关于印发沧州市新型城镇化与城乡统筹示范区建设规划（2016—2020 年）的通知	沧州市人民政府	政府文件
10	2016	关于进一步强化生态环境保护监督管理责任的实施意见	沧州市人民政府	政府文件
11	2016	关于印发《沧州市突发环境事件应急预案》的通知	沧州市人民政府	政府文件
12	2016	沧州市城市"五线"管理规定	沧州市环保局	政策法规
13	2016	沧州经济开发区美丽乡村建设暨拆迁治违专项行动方案	沧州市环保局	政策法规
14	2016	关于落实省调度令要求强化大气污染防治措施的通知	沧州市人民政府	政府文件
15	2017	沧州市 2016 年度固体废物污染防治信息公告	沧州市环保局	公示公告

序号	制定时间	出台政策	制定部门	制定类型
16	2017	关于印发沧州市 2017—2018 年秋冬季大气污染综合治理攻坚行动方案的通知	沧州市人民政府	政府文件
17	2017	关于印发沧州市环境违法企业失信联合惩戒办法（试行）的通知	沧州市人民政府	政府文件
18	2017	关于印发《沧州市生态环境保护责任规定（试行）》和《沧州市政府职能部门生态环境保护责任清单》的通知	沧州市人民政府	政府文件
19	2017	关于部署应用全国污染地块土壤环境管理信息系统的通知	沧州市环保局	公示公告
20	2017	关于建设项目竣工环境保护验收有关事项的公告	沧州市环保局	公示公告
21	2017	沧州市第二次全国污染源普查领导小组办公室 关于转发《关于征求河北省第二次全国污染源普查工作实施方案修改意见的函》的通知	沧州市环保局	公示公告
22	2017	关于印发中心城区高排放车辆强化管控工作方案的通知	沧州市人民政府	政府文件
23	2018	沧州市第二次全国污染源普查领导小组办公室转发《第二次全国污染源普查工作要点》的通知	沧州市环保局	公示公告
24	2018	关于印发沧州市集中式饮用水水源地环境保护专项行动方案的通知	沧州市人民政府	政府文件
25	2018	关于印发沧州市大气污染防治指挥中心建设运行方案的通知	沧州市人民政府	政府文件

附表 3-13 承德市生态文明相关政策

序号	制定时间	出台政策	制定部门	制定类型
1	2010	承德以生态立市实现绿色崛起	承德市环保局	部门规章
2	2010	承德市人民政府办公室关于转发加强承德市农村气象灾害防御体系建设的意见的通知	承德市人民政府	规章制度
3	2011	承德市危险废物管理办法	承德市人民政府	规章制度
4	2012	承德市环境保护局建设项目"三同时"监督检查和竣工环保验收管理规程	承德市环保局	规章制度
5	2013	承德市人民政府办公室关于推广使用天然气燃料汽车的实施意见	承德市人民政府	部门规章
6	2013	承德市畜禽养殖污染防治工作实施方案	承德市人民政府	部门规章
7	2014	承德市人民政府办公室关于建立重大气象灾害预警信息快速发布绿色	承德市人民政府	部门规章
8	2016	关于开展环境污染第三方治理实施方案	承德市人民政府	部门规章
9	2016	承德市人民政府关于实施质量强市加快绿色崛起的实施意见	承德市人民政府	政府文件
10	2016	关于印发《承德市大气面源污染专项整治方案》的通知	承德市环保局	规章制度
11	2016	关于印发《承德市 2016 年大气污染防治实施计划》的通知	承德市环保局	规章制度
12	2016	承水领办〔2016〕15 号关于印发承德市污染水环境"十小"项目取缔工作实施方案的通知	承德市环保局	规章制度
13	2016	关于印发承德市市区夏季环境空气质量达标方案（2016—2020 年）的通知	承德市环保局	部门规章
14	2016	关于印发承德市国家绿色矿业发展示范区露天矿山污染深度整治专项行动工作方案的通知	承德市环保局	规章制度

序号	制定时间	出台政策	制定部门	制定类型
15	2016	关于印发《承德市道路车辆污染整治专项行动工作方案》的通知	承德市环保局	规章制度
16	2016	关于印发《承德市大气污染防治强化措施实施方案（2016—2017 年）》的通知	承德市环保局	规章制度
17	2017	承德市人民政府办公室关于印发承德市 2017 年城市旅游环境综合整治"百日攻坚"活动方案的通知	承德市人民政府	规章制度
18	2017	承德市人民政府办公室关于 2016 年度全市环境保护目标管理和污染减排工作考核结果的通报	承德市人民政府	公示公告
19	2017	承德市人民政府办公室关于印发承德市建设国家绿色矿业发展示范区 2017 年百矿复垦披绿实施方案的通知	承德市人民政府	规章制度
20	2017	承德市人民政府办公室关于印发承德旅游片区农村环境综合整治业态化长效机制试点方案的通知	承德市人民政府	规章制度
21	2017	承德市人民政府办公室关于印发承德市环境保护十三五规划的通知	承德市人民政府	规章制度
22	2017	承德市人民政府办公室关于印发承德市农村气代煤电代煤工作实施方案的通知	承德市人民政府	规章制度
23	2017	承德市人民政府办公室关于印发承德市关于建立绿色金融体系的工作方案的通知	承德市人民政府	规章制度
24	2017	关于印发承德市贯彻落实河北省环保厅 督察组大气污染综合治理督察反馈意见 整改方案的通知	承德市环保局	规章制度
25	2017	关于印发《承德市 2017—2018 年秋冬季大气污染综合治理攻坚行动督查信息公开方案》的通知	承德市环保局	部门规章
26	2017	关于印发《承德市改善空气质量攻坚月行动方案》的通知	承德市环保局	部门规章
27	2017	关于印发《河北省土壤环境重点监管企业名单》的通知	承德市环保局	公示公告

序号	制定时间	出台政策	制定部门	制定类型
28	2017	污染地块土壤环境管理办法	承德市环保局	规章制度
29	2017	农用土壤环境管理办法（试行）	承德市环保局	规章制度
30	2017	河北省"净土行动"土壤污染防治工作方案	承德市环保局	规章制度
31	2017	土壤污染防治行动计划	承德市环保局	规章制度
32	2018	承德市人民政府办公室关于印发承德市河流水环境质量联合执法督查工作方案的通知	承德市人民政府	规章制度
33	2018	承德市人民政府办公室关于印发承德市草原保护制度工作方案的通知	承德市人民政府	规章制度
34	2018	承德市人民政府办公室关于印发承德市网格化环境监管体系管理办法（试行）的通知	承德市人民政府	规章制度
35	2018	承德市住房和城乡建设局关于转发《河北省住房和城乡建设厅关于印发〈河北省小城镇污水处理设施建设行动方案〉的通知》的通知	承德市人民政府	规章制度
36	2018	承德市第二次全国污染源普查工作实施方案	承德市人民政府	规章制度
37	2018	承德市住房和城乡建设局 关于加快推进污泥处理处置设施提标 改造工作意见的通知	承德市人民政府	规章制度
38	2018	承德市住房和城乡建设局 关于开展2017年度供热企业监督检查工作的通知	承德市人民政府	规章制度
39	2018	承德市土壤污染防治工作领导小组办公室关于印发《承德市土壤污染防治工作方案》重点任务部门分工的通知	承德市环保局	规章制度
40	2018	关于全市危险废物（含医疗废物）环境隐患排查情况的通报	承德市环保局	规章制度
41	2018	（关于立即实施集中式饮用水源保护工程的督办通知）承水领办〔2018〕48号	承德市环保局	规章制度
42	2018	承德市中心城区2018年度清洁取暖替代专项实施方案	承德市人民政府	规章制度

附表 3-14　秦皇岛市生态文明相关政策

序号	制定时间	出台政策	制定部门	制定类型
1	2012	秦皇岛市开展畜牧养殖污染治理工作	秦皇岛市环保局	部门规章
2	2012	秦皇岛市海港区环保局开展海洋环境保护执法检查确保海洋生态环境质量	秦皇岛市环保局	部门规章
3	2014	秦皇岛市环保局大力开展农村自然生态环境监察工作	秦皇岛市环保局	部门规章
4	2014	秦皇岛市全力打造生态文明先行区	秦皇岛市环保局	部门规章
5	2014	秦皇岛市重金属污染综合防治 2015 年度实施方案	秦皇岛市环保局	政策法规
6	2015	市大气办突出重点全力做好大气污染防治工作	秦皇岛市环保局	部门规章
7	2015	秦皇岛市环境保护局约谈暂行办法	秦皇岛市环保局	政策法规
8	2015	秦皇岛市"十二五"生态环境保护工作总结及"十三五"工作思路	秦皇岛市环保局	部门规章
9	2016	秦皇岛市 2016 年度大气污染防治行动实施方案、秦皇岛市 2016 年度水污染防治行动实施方案	秦皇岛市人民政府	政策法规
10	2016	秦皇岛市固体废物污染环境防治信息发布	秦皇岛市环保局	政策法规
11	2016	秦皇岛市环境噪声污染防治管理条例（草案）	秦皇岛市环保局	政策法规
12	2016	关于印发《秦皇岛市水污染防治百日会战工作方案》的通知	秦皇岛市环保局	政策法规
13	2017	秦皇岛市人民政府办公厅关于印发《秦皇岛市重污染天气应急预案》的通知	秦皇岛市人民政府	规范性文件

续表

序号	制定时间	出台政策	制定部门	制定类型
14	2017	秦皇岛市人民政府办公厅关于印发《运用六类标准淘汰十大重点涉水污染行业落后产能及化解水泥玻璃烧结机过剩产能 2017 年度工作方案》的通知	秦皇岛市人民政府	规范性文件
15	2017	秦皇岛市人民政府办公厅关于进一步加强河流跨界断面水质生态补偿的通知	秦皇岛市人民政府	规范性文件
16	2017	秦皇岛市人民政府关于印发《秦皇岛市生态保护"十三五"规划》的通知	秦皇岛市人民政府	规范性文件
17	2017	秦皇岛市人民政府关于印发《秦皇岛市"净土行动"土壤污染防治工作方案》的通知	秦皇岛市人民政府	规范性文件
18	2018	秦皇岛市人民政府办公厅关于印发《秦皇岛市重污染天气应急预案》的通知	秦皇岛市人民政府	规范性文件
19	2018	秦皇岛市人民政府办公厅关于进一步加强城市排水管理持续改善水环境的通知	秦皇岛市人民政府	规范性文件
20	2018	秦皇岛市人民政府办公厅关于印发《秦皇岛市重污染天气应急预案》的通知	秦皇岛市人民政府	规范性文件
21	2018	秦皇岛市第二次全国污染源普查工作实施方案	秦皇岛市人民政府	规范性文件
22	2018	关于印发《秦皇岛经济技术开发区生态环境保护"党政同责、一岗双责"暂行规定》的通知	秦皇岛市人民政府	规范性文件

附表 3-15　唐山市生态文明相关政策

序号	制定时间	出台政策	制定部门	制定类型
1	2003	唐山市陡河水库饮用水水源保护区污染防治管理条例（2003 年修正本）	唐山市环保局	市县法规
2	2006	唐山市城市再生水利用管理暂行办法	唐山市人民政府	政府文件
3	2007	唐山市重点污染源在线监测监控系统安装运营管理办法（试行）	唐山市环保局	市县法规
4	2008	唐山市人民政府办公厅印发《区域生态环境监察试点实施方案》的通知	唐山市人民政府	政府文件
5	2008	唐山市人民政府办公厅关于印发《唐山市加强城市污水和垃圾处理设施建设实施意见》的通知	唐山市人民政府	政府文件
6	2010	唐山市人民政府办公厅印发《关于改善城区大气环境质量的实施意见》的通知	唐山市人民政府	政府文件
7	2013	唐山市粉煤灰综合利用管理条例（修订）	唐山市环保局	市县法规
8	2014	关于严厉打击环境违法行为的通告	唐山市人民政府	政府文件
9	2015	唐山市人民政府关于实行环境污染有奖举报的通告	唐山市人民政府	政府文件
10	2015	关于印发唐山市进一步建立健全网格化环境监管体系工作方案的通知	唐山市人民政府	政府文件
11	2015	关于规范建设项目主要污染物新增排放量审查和交易流程的通知	唐山市环保局	规范性文件
12	2015	关于核发畜禽养殖场排污许可证应达到的规模标准的通知	唐山市环保局	规范性文件
13	2015	唐山市开平区环境空气质量监测点位调整技术报告	唐山市环保局	规范性文件
14	2015	关于执行调整排污费收费标准中污染物排放认定有关具体问题的通知	唐山市环保局	规范性文件
15	2015	关于创新农业生态基础设施领域投融资机制鼓励社会投资的实施意见	唐山市人民政府	政府文件

续表

序号	制定时间	出台政策	制定部门	制定类型
16	2016	关于对秸秆，垃圾焚烧污染大气环境问题的通报	唐山市人民政府	政府文件
17	2016	关于印发《2016年唐山市美丽乡村建设生活污水治理工作实施方案》的通知	唐山市环保局	规范性文件
18	2016	关于对秸秆、垃圾焚烧污染大气环境问题的通报	唐山市人民政府	政府文件
19	2016	关于强化扬尘污染治理保障世园会开幕式期间空气质量的通知	唐山市人民政府	通知公告
20	2016	唐山市贯彻落实中央环境保护督察组督察反馈意见整改方案	唐山市人民政府	政府文件
21	2016	唐山市水污染防治工作方案	唐山市人民政府	政府文件
22	2016	唐山市水污染防治工作方案	唐山市人民政府	通知公告
23	2016	关于停止执行重污染天气应急减排措施的通知	唐山市环保局	通知公告
24	2016	关于实行机动车限行的通告	唐山市人民政府	政府文件
25	2016	我市紧急启动重污染天气应急减排措施	唐山市人民政府	通知公告
26	2016	唐山市政府关于各区县（市）洁净型煤推广进度的通报	唐山市人民政府	通知公告
27	2017	唐山市重污染天气应急预案	唐山市人民政府	政府文件
28	2017	唐山市人民政府办公厅关于印发唐山市渗坑污染排查整治专项行动实施方案的通知	唐山市人民政府	政府文件
29	2018	关于加强环境应急管理工作的通知	唐山市环保局	规范性文件
30	2018	关于印发《唐山市环境保护局"生态环境保护法制培训年"实施方案》的通知	唐山市环保局	规范性文件

附表 3-16　邢台市生态文明相关政策

序号	制定日期	出台政策	制定部门	制定类型
1	1996	邢台市环境噪声管理暂行办法	邢台市环保局	政策法规
2	1997	邢台市环境空气质量功能区划分规定	邢台市环保局	政策法规
3	2009	邢台市圈定 7 个水源地保护区	邢台市环保局	规章制度
4	2010	邢台市污染源自动监控管理办法	邢台市环保局	政策法规
5	2011	关于加强农村环境综合整治工作的通知	邢台市环保局	规章制度
6	2013	市环保局召开水生态系统保护与修复工作调度会	邢台市环保局	公告公示
7	2013	邢台市重污染天气应急预案（试行）	邢台市人民政府	政策法规
8	2014	关于开展生态创建工作的通知	邢台市环保局	部门规章
9	2014	邢台市将首次划定生态功能红线	邢台市环保局	部门规章
10	2015	市环保局进一步加大禁止露天焚烧力度	邢台市环保局	公告公示
11	2015	邢台市 2015 年大气污染防治工作实施方案	邢台市人民政府	政策法规
12	2015	本市夏季秸秆禁烧工作今日启动	邢台市环保局	公告公示
13	2015	关于推进矿山企业生态环境保护与恢复治理工作的通知	邢台市环保局	部门规章
14	2016	2016 年邢台市美丽乡村建设实施方案	邢台市环保局	部门规章
15	2016	邢台市重污染天气应急指挥部办公室关于将重污染天气黄色预警调整为橙色预警公告	邢台市环保局	公告公示

附表 3-17 张家口市生态文明相关政策

序号	制定时间	出台政策	制定部门	制定类型
1	2009	张家口市人民政府关于印发《张家口市建筑垃圾管理办法》的通知	张家口市人民政府	政策法规
2	2013	张家口市人民政府办公室关于印发《张家口市突发环境事件应急预案》的通知	张家口市人民政府	政策法规
3	2013	张家口市环保局关于做好2013年环境保护系列创建工作的通知	张家口市环保局	公告通知
4	2013	张家口市"五绿"创建工作情况	张家口市环保局	公告通知
5	2016	张家口市综合治污助力生态建设源头防控追求绿色发展	张家口市人民政府	政策法规
6	2016	张家口市全面清理环保违法违规建设项目	张家口市人民政府	政策法规
7	2016	关于印发《张家口市危险废物跨界转移审批工作程序》的通知	张家口环保局	公告通知
8	2016	张家口市部署今冬明春大气污染防治工作	张家口人民政府	政策法规
9	2016	2016年张家口市重点行业环境保护专项执法检查信息公示	张家口市环保局	规章制度
10	2016	张家口市八项举措强化环境综合整治	张家口市人民政府	政策法规
11	2016	张家口市加大治污攻坚确保生态环境持续改善	张家口市人民政府	政策法规

后　记

作者主要从事习近平生态文明思想的理论和实践研究，尤其在企业生态文明建设的实践研究方面，近年来主持完成国家社会科学基金项目"企业生态文明建设的实施意愿与行为研究"；北京市教育委员会社科计划重点项目"京津冀生态文明建设中企业区域合作的博弈分析"；校级人才强校优选计划（学术探究计划）项目"习近平生态文明思想的理论与实践研究"等项目。本书以作者近几年在北京联合大学教学和科研工作，以及上述科研项目的研究成果为基础。

本书对企业生态文明建设进行了大量的实证和案例研究，对习近平生态文明思想的理论和实践进行了有益的研究探索。感谢我的研究生罗丹、王迪和谭丹凤三位同学进行了大量的研究工作。感谢众多老师向我提供了大量相关的文献资料和有益的建议，在此我向大家深表谢意。最后，我要衷心感谢所有帮助和支持我的领导、同事、学生和朋友们。

限于作者的学识，关于京津冀企业生态文明建设相关问题的研究有些仅仅是探索性和尝试性的，其中一定有不少错误和不当之处，恳请各位专家、读者予以批评指正。

在本书撰写过程中，参阅和引用大量文献，对所有文献作者表示诚挚的感谢。另外，在本书写作过程中，引用了许多专家和学者的研究成果和文献资料，由于本书篇幅限制，一些资料来源不能一一列出，在此表示歉意。

张　波

2020 年 9 月于北京联合大学